越努力，越幸运

"多栖"职业发展培训师
鹏君 著

中国友谊出版公司

图书在版编目（CIP）数据

越努力，越幸运 / 鹏君著 . —— 北京：中国友谊出版公司，2021.5

ISBN 978-7-5057-5198-9

Ⅰ.①越… Ⅱ.①鹏… Ⅲ.①成功心理－通俗读物 Ⅳ.① B848.4-49

中国版本图书馆 CIP 数据核字 (2021) 第 059766 号

书名	越努力，越幸运
作者	鹏　君
出版	中国友谊出版公司
发行	中国友谊出版公司
经销	新华书店
印刷	天津中印联印务有限公司
规格	880×1230 毫米　32 开 8 印张　145 千字
版次	2021 年 5 月第 1 版
印次	2021 年 5 月第 1 次印刷
书号	ISBN 978-7-5057-5198-9
定价	42.00 元
地址	北京市朝阳区西坝河南里 17 号楼
邮编	100028
电话	(010) 64678009

前　言

身在职场，你必须不断思考，自己要如何快速成长；身在社会，你必须思考，如何能赚更多的钱。或许你会想：我就想做个普通人，安贫乐道就好了。抱歉，生活并不会因为你的意志而转移。

中国有14亿人，每个行业的从业者少说都有几十万，如果你不争、不成长，你就会被远远甩开。

如果你有所留心就会发现：生活从不会因为我们的选择，而特意降低难度，反倒会因为你的逃避，压得你喘不过气来。毕竟生活中，每个人要面临的困难都差不多，一个月就那么点工资，要真遇到困难的事情，肯定无法应付。

因此，我们必须成长，去赚更多的钱，这是非常现实的问题。

但问题是，如何才能有效地成长？

这个问题的答案很复杂，但也是因为这个问题太复杂，涉及的面很广，所以导致很多人错过了很多机会，也留下了不少遗憾。为了不让更多人重复我曾见证过的悲剧，也为了让年轻人能更好地成长，在这样的初衷之下，这本书诞生了。

　　这本书来来回回写了有一年多，其中不少观点都在网络上分享过，获得了几十万粉丝的认可。

　　这些实践经验和总结，大家根据自己的情况去思考和实践，灵活变通，运用起来不会特别困难。其中不少内容，我教过曾经的下属，他们的实践证明这些方法的效果还是比较显著的，几年过去了，很多人都已经成为所在企业的中坚力量，一个月有数万元的收入。

　　这应该是令我最欣喜的事情了，甚至比我自己赚到钱都还要开心。

　　我自己常常会想，要是这些年里，在某些关键的决策点上，我行差踏错一步，结果会是什么样？这个答案不止一次在午夜梦回时，让我忽然惊醒。作为过来人的我，有时会觉得自己十分幸运。

　　今时不同往日，当今时代的高节奏、高强度、高压力，给年轻人的试错时间和空间已经很低了。如今的主旋律就是所有人都在努力，如果你也在努力，那也只能保持自己在原地不动，唯有高效的努力、成长，才能有一个好结果。

　　所以，大家非常有必要掌握一些好的思路和办法。

关于这些方面，作为一个普通的大学毕业生，做过传统行业，也干过互联网，一路走来，接触过销售、运营、培训、采购等多个岗位，现在成为一名企业高管，网上还坐拥几十万粉丝，我觉得自己还算是有些发言权的。特别是自己曾经还手把手地培养过 300 多人，一对一地跟很多人沟通过，解决过他们的问题。

当然，书中的内容不可能穷尽多方面，而且很多内容也仅仅只是我的一些观点，也许能够让你有所启迪、开悟。但接下来更重要的事情，一定是要让自己全身心地投入学习和成长之中。

毕竟实践才是检验真理的唯一标准，我们也需要因地制宜的根据一些方法，找到最合适的方向。

最后，祝所有还在奋斗的朋友都得以改变人生，希望你们能坚定意志，手里有剑，心中有光，不要因为现实的打击而动摇自己。

希望你们在荆棘遍地的丛林里，通过反复的尝试和探索，找到一块属于你自己的丰饶之地。

目 录

第 1 章 认知升级篇

找出人生决胜点,别让天真要了命 / 003

保持个人稀缺性,才能越努力越幸运 / 009

掌握破局思维,给人生更多机会 / 017

什么是真正的长期主义? / 023

长期主义下,还须学会识别沉没成本 / 027

着眼于平行阶层,才是立下格局的关键 / 032

认清"马太效应",让自己步步领先 / 036

掌握巨人思维,学到一手知识 / 041

第 2 章 成长迭代篇

你可以走得很慢,请务必走得更远 / 047

连接和循环,让人脉发挥价值 / 054

不敢花钱的你，为什么越省越穷？/ 060

所有的"不可能"，限制了所有的"可能"/ 066

复利思维，拉开人生差距 / 071

"自欺欺人"的能力，增强你的复原力 / 076

精彩的人生，需要断舍离 / 082

拥有 3 个重要习惯，足以改变一生 / 087

第 3 章 ▶ 掌控情绪篇

一句"凭什么"，让你越混越差 / 095

你的脾气，决定你的能力 / 100

你的安全感，正在悄悄地毁掉你 / 105

从没有所谓的命该如此，只有活该如此 / 112

阶层跃迁的本质，在于战胜恐惧 / 119

你有多不主动，你的人生就有多被动 / 125

与焦虑和解，不做无意义的追逐 / 130

好奇心，是一个人与生俱来的才华 / 135

第 4 章 ▶ 能力突围篇

再强的能力，也不是过于自我的理由 / 141

那些后来居上的人，也在偷偷地犯错 / 146

走出"逃避舒适区"，走入"能力舒适区"/ 150

掌握跳槽的关键 5 步，助你开启新的职业生涯 / 155

随意经营的职场人设，正默默"啃食"着你的前途 / 163

会说话的人，一开口就赢了 / 169

掌控职场的两大"战场"，让你脱颖而出 / 173

克服认知偏见，扭转人生局面 / 179

第 5 章 ▶ 有效进阶篇

走出"知识荒原"，成就真正高手 / 187

善用功利学习法，突破瓶颈期 / 193

让人受益一生的 8 个字，提高认知层次 / 198

如何真正地做到独立思考？/ 203

最小化满足，让人既能想到，又能做到 / 208

缺乏复盘思维，可能拖累你的成长 / 215

一套最强行动原则，实现高效赋能 / 220

如何选择行业、公司、工作，让自己少奋斗 10 年？/ 225

尾章 ▶ 关于梦想和成长

关于梦想：或许梦想永远都无法实现，但梦想对你意义非凡 / 237

关于成长：始于才华，忠于人品，成于坚持 / 242

第 1 章

认知升级篇

找出人生决胜点,别让天真要了命

若有人问:"一个人该怎样改变命运?"除了"努力、努力、再努力",似乎再也找不出别的答案。因为大多数希望改变命运的人,面临的现实情况是"没钱""没资源""没技术",甚至连"学历"都没有。

然而,努力就能改变命运吗?现实告诉我们,过于天真只会害了我们。

1. 努力不能解决系统性困境

美国专栏作家芭芭拉·艾伦瑞克曾写过一本名为《我在底层的生活:当专栏作家化身女服务员》的书,书中讲述了她为寻找底层贫穷的真相,潜入美国的底层社会,去体验低薪阶层是如何挣扎求生的。

为了保证这种体验的真实性,她在不同的城市,换了6种工作,涉及零售、清洁、养老服务等,但是,这些工作的过程和结局都一样：

- 因为没钱，不得不住在偏远地方。
- 因为住在偏远地方，不得不花费大量时间在路上。
- 因为花费很多时间在路上，她用于提升自己和发现更好的工作机会的时间越来越少。
- 为了应付房租和生活成本，她不得不说服自己做更多的小时工或者兼职。
- 因为花了太多时间做各种劳苦的工作，她渐渐成为一个工作机器，无力做任何其他的事情，直到情绪爆发离开。
- 之后，换一个地方，进入下一个循环。

是的，她换了6份工作。不管她多么努力，不管尝试多少次，她也看不到一个美好未来。最后这本书非常清楚地告诉大家一个事实：仅仅靠努力，穷人是很难改变命运的。

无独有偶，香港电视节目曾做过一个测试，让G2000[1]老板变身清洁工，看看是否能通过努力逆袭。

在节目开头，这位富商雄心万丈，认定贫困都是不努力造

---

1. 香港一家商务服饰品牌。

成的，只要靠信念和努力就能改变命运。讽刺的是，节目末尾他却说："我每天努力工作只是为了吃一顿好的。"只字不提如何依靠斗志改变命运之类的话。

这些种种案例，都说明了一个现实的问题：努力是很难改变命运的。在贫困的环境里，一些系统性困境的交错，别说眼光短浅的穷人，就连所谓的"人上人"都很难翻身。

但问题来了，现实中，却总会存在一撮翻身的人，他们又是怎么做到的？

2. 改变命运的关键

如何改变命运？"居必择乡，游必就士。"——中国的这句老话给出了提示。它的意思就是，人要选择好的环境去努力，与优秀的人相处。这样才能看到改变命运的机会，否则在错的地方，费尽心思都不会有多好的结果。

好比前文所提到的那位专栏作家和 G2000 富豪，在他们有不错的社会地位和才华的情况下，且难以在错误的环境翻身，何况普通人。

因此扼住命运喉咙的关键点，一定是远离错误的环境，去对的地方，否则在生活的阴沟里挣扎，哪来出路？

我有一个朋友出身贫困，勤奋好学，一直让我佩服。高中毕业，靠着自己的努力上了一所 985 大学。本料想她会鱼跃龙门,一飞冲天,没想到大学毕业后却受家人逼迫嫁给了邻村的辍学者,还被勒令必须留在当地工作。

几年过去,我再见她时,往昔的风华了无痕迹,哪还有曾经的神采。环境改变了她,生活磨平了她——提及这些年的挣扎,她最后只能无奈一笑,掩面低叹。

假如,她选择去了更大的舞台,去更好的地方,我确信她一定配得上更好的未来。

但,哪来这么多假如?

2019年,在东京大学的开学演讲上,东京大学名誉教授上野千鹤子女士向东大新生们致辞:

你们应该都是抱着努力就有回报的信念来到这里的。可是,等待你们的是即使努力也得不到公平回报的社会。

世界上有即使努力也无法得到回报的人,有想要努力却无法努力的人,有因为过于努力而身心崩溃的人,也有在努力之前先被浇一盆冷水的人。

你们过往所取得的大部分成就,都要感谢环境。

人生就是如此,环境往往决定出路,找到人生的决胜点,离开糟糕的环境去努力才是正途。否则,就算心有满腹才华,手握屠龙之技,又有什么作用?

3. 做人生乘法，不做加减法

当然，好的环境能促使我们走上正轨，但真正拉开人与人之间差距的，其实是对人生的运营能力。

人生本就是一个自我经营的过程，要经营就要讲运算。什么是"乘法人生"呢？日本经营之圣稻盛和夫曾提出一个公式：人生·工作的结果＝思维方式 × 热情 × 能力。

听上去似乎很简单，无非就是努力加上坚持，然后用更高效的方式去工作。但现实来看，大多数人的人生都在做加法，而非乘法。而在"加法运算"的人生里，再怎么努力也超不过"乘法人生"。

举个例子：假如你月薪5000元，通过自己的努力，提高了效率，获得领导赏识，月薪增长到8000元，这算是给人生做了乘法吗？不算。因为从本质上看，你的个人时间和贡献并未产生复利，仍旧是用单一的时间工作换取更多的收入——它是线性增长，而非爆发式复利。

靠线性增长，也许你可以赚取一定的金钱，但很难收获巨大的财富。而乘法是什么呢？将时间复利，将成果复利，利用杠杆撬动最大的价值。

什么叫时间复利？就是在等量时间里，你创造的价值能够一举多得。什么叫成果复利？就是你做出的成果，不仅仅只能换取你微薄的工资，还能在其他渠道进行销售或变现，或者增强自己的影响力。

譬如我在 2019 年初通过副业写作开始挣钱，那时我一个月写 10~20 篇文章，获奖率 30% 左右，收入 1000~2000 元。如果不做乘法，我只有两条路走：增加数量，提高质量。

这两条路都需要大量时间，但换种思路：将一份内容好好运作，既能获得征文奖励，还能获取稿酬，同时也能在多平台获得复合的广告收益。

半年后，在未增加更多时间投入的情况下，我的写作副业月收益稳定在了 1 万元；而现在，我又通过视频创作，成了西瓜视频的独家创作者，副业收入已经超过主业。

人生其实也是如此，我们想要改变命运，就必须思考我们的杠杆在哪里，思考如何做人生乘法，才能让收益裂变。

保持个人稀缺性,才能越努力越幸运

中国历来都有"吃得苦中苦,方为人上人"的说法,佛家也有"三十年众生牛马,六十载诸佛龙象"的说法。

但从现实来看,很多人一直都在吃苦,却很难得到好的结果,为什么呢?

王小波写过一篇《人性的逆转》探讨这个问题,给出了答案:

说到吃苦、牺牲,我认为它是负面的事件。吃苦必须有收益,牺牲必须有代价,这些都属于一加一等于二的范畴。

这个道理很简单,就是吃苦归吃苦,但你吃的苦要有价值,也就是要具备稀缺性。

1. 你的勤劳有稀缺性吗?

在美国百老汇演出中,有两类演员:一类是正式演员,必须参加每周定量的排练和演出,比如在百老汇每周必须演出20场,从而每周获得2000美元的报酬;另一类是替身演员,每场演出都在后台静坐待命。

替身演员并不一定会上台表演,但他们却被要求学会该剧中5个不同角色的表演,一旦某位正式演员因意外不能演出了,他们就得登台救场。在报酬上,他们每周无论是否登台演出20场,都可以得到2500美元。

明明正式演员的付出更多,为什么收入要比替身演员少?原因很简单——稀缺性。

好比珍珠和串线,倘若串线更加稀少,它的价值就可以超过珍珠。人也是如此,如果我们的勤奋方向不具备稀缺性,所有的付出都会事倍功半。

假设一个流水线上的工人,可以将效率和速度做到极致,领导就会因此给他升职吗?肯定不会。因为在努力之余,老板必须审视工人的努力是否具有稀缺性。

从一段职业生涯来看,这种稀缺性包括三个方面:更好的环境、更好的职业、更正确的事情。

环境暂且不说,我们在前文有提到的。而"职业"和"正确的事"其实是大多数人容易忽略的点。

一个企业通常由"销售""行政""技术""人事""财务"构成。在同等付出的情况下,哪个职位的晋升空间最大呢?

哪个职位几乎没有晋升空间呢？这是值得我们去思考的事情。譬如想通过做文员成为一家企业高层，努力就会有好结果吗？大多数人都应该心知肚明。

另一方面，在职业范围内选择更正确的事情，也决定了努力的成效。简单来说，譬如从事销售，获得晋升门票的砝码是"业绩好"，但业绩好就一定会升职吗？并不一定。

不少朋友曾向我抱怨，公司很多时候选择提拔业绩最好的那个人，往往结果是：多了一个蹩脚的管理，少了一个业务骨干。

因此，当拿到晋升门票以后，"正确的事"则转化成你需要有良好的"人际关系""组织能力""协调能力""基础管理技能"等。

2. 你的勤劳，是否具备创造性？

世界上有两种牛人：一种是天才型，一种是进化型。

天才型的牛人，生而不凡，上帝赋予了他们特殊的天赋，只待时机便能发挥出来；进化型的牛人，并不具备特殊的才干，他们通过一点一滴的积累、试错、学习、成长，然后脱颖而出。

对于绝大多数人来讲，可以行进的道路就是成为一个进化型牛人，为了达成这个目标，我们做了很多努力。但是，在努力之余，有多少人考虑过这个问题：当下的付出，是否能够给我带来进化呢？

我曾在知乎回答过一个问题：为什么大部分销售只能温饱，他们和顶尖销售究竟差距在哪里？得出来的结论是：普通销售在机械式的使用方法，顶尖销售在创造方法。

其实个体能否进化的差异性也在于此：

当遭遇挑战时，进化型人才选择考虑如何利用仅有的资源，通过创造性的方法完成任务；低质量的勤劳者的第一想法是，更加拼命地干，用时间换增量。后者固然能吃苦。但他们所有的苦都是被动的，是当下的压力，是肉体的疲惫……是受累的苦，并不是主动成长的苦。

吃苦，需要放弃娱乐生活、无效社交、无意义的消费，同时，还要忍受不被理解和孤独，本质其实是自律、坚持、深度思考的总集。

譬如自媒体创作，仅在《今日头条》这一平台上，目前就有160万左右的创作者，其中勤奋的人大有人在，但有所收益的凤毛麟角。只想着靠时间换增量，永远都无法产生质变。

3. 抓住三个点

具备足够的"稀缺性"和"创造性"能让我们赢在起跑线上，在这场长远的竞争中，我们还必须掌握有效的方法，这包括三个点：足够的努力、明确的方向、合理的工具。

① 足够的努力

知乎上曾有网友提问：什么样的努力才叫足够努力？有人回答：你的身体比你的意志先放弃。这是我看到关于努力最好的答案了！

任何价值都源于积累，在你身体都还"撑得住"的时候，你告诉自己：我不行、我尽力了、我比别人付出了更多……种种言辞，都是借口。

在没有超越生理极限之前谈努力，都是空话。大家付出的一样多，凭什么是你成功，而非别人？说不定你还远不如别人出色。

做销售那会，我拜访人生中第一家客户，惨遭拒绝，在返程的路上，大师兄和我说："鹏君，如果我是你，现在肯定不会离开，一定会坚守在客户那边，争取一丝合作的机会！"这句话一下点醒了我，我总觉得自己尽力了，然而实际却远远不够。

在此之后，我仿佛如新生，我连续拜访同一家客户的最高纪录为13次，被拒13次，但最后他却成了我的朋友，介绍的所有订单都一一成交；我也曾驱车百里，只为在月末午夜12点之前，完成当月任务——我见证了很多奇迹，也实现了很多奇迹。

万事万物不都是如此吗：所有人都在角逐一个东西或一个名额，然而这些游戏里，往往只有很少的赢家或者只有一个赢家。在"正常"的努力限度下，是不可能淘汰其他竞争者的，所以，在你的身体没说 No 时，你的意志千万别说不行。

②明确的目标

基础力学常识告诉我们，决定力的三要素是"大小""方向"与"作用点"。既然努力也是一种"力"，肯定逃不过这个规律：不谈"大小"，没有"方向"和合适的"作用点"，我们的努力结果肯定不会有什么成效。

雷军有一句话说得很好："永远不要试图用战术上的勤奋，掩饰战略上的懒惰。"诚如此言，我举一个很简单的例子。

在学生生涯里，我们都经历过自习这件事。关于自习，我们不难发现，学习最好的从来都不是一天到晚苦泡自习室的人，而往往是那些把生活安排得多姿多彩的人——他们智商与情商皆高，往往懂得所谓努力并非流于表面。而那些貌似学习很刻苦的人，其实效率并不高。天天泡自习室可以先暂定为"战术上的勤奋"；如果苦泡自习室四年以后的结果却依旧缺乏明确的学习目标和动机，那就是战略上的懒惰。

我们常常说，命运不会辜负每个认真且努力的人，我看未必。

印尼的卡瓦伊真火山，在那里的硫黄工们冒着危险在没有防护的情况下工作，往返期间负重100多斤，工作一天，也不过40元，大多数人还很难活过30岁。

世界最高的人类永居地——海拔5100米的秘鲁拉林科纳达小镇，在那里的淘金人在汞和污水里挣扎，工作30天，在第31天可以拿走尽可能多的矿石作为酬劳，正常折算下来也就2000元，而且因污染，人均寿命只有50岁。

埃塞俄比亚的挖盐工在号称"地狱之门"的达纳基尔凹地里挖盐，在50℃~60℃的高温下劳作，光是花在路上的时间就要耗费3天，一天工资才50元。

对比他们，我们的努力是相形见绌的。

但现实是，由于努力方向的错误，在远低于他们付出的情况下，我们要过得好很多。

③合理的工具

很多人觉得提升自我才是强劲的"根本"，但我对此一直存疑。

譬如人类先祖，不靠尖牙利爪，没有厚皮长毛，却一步步走上巅峰，逆改食物链的规则，靠的是什么？是自身吗？并非如此，他们靠的是创造，是工具。

一个木匠拿起锤子的时候，锤子就成了手的一部分，能够完成许多徒手无法完成的操作；战士举起望远镜的时候，大脑就会通过一双新的眼睛去看东西,能立刻适应截然不同的视野;我们驾驭汽车,能够一日之内,驰骋千里……

我们创造工具,工具也对我们进行重新塑造,让我们能在万物中脱颖而出——人类文明的基石就建立在"工具"之上。

倘若没有工具,人类无法施展手脚——映射到人类活动,很多现实中的"强者"也是如此!任凭他们智商过人,才华出众,脱离了工具,立马泯然于众人。从这个角度来看,"工具"是努力最重要的砝码之一。

我见过很多不重视工具的人,可以熬夜做几天的PPT,不知道也不会主动去知道,利用合适的"插件""模版"等工具大幅度提高效率;更有甚至,用着早已被淘汰的技能,日复一日地付出加倍的努力,最后却被时代无情碾压,可悲!可叹!

我们每个人都应该明了,做人做事,可以拼命,但手里的砝码不能只剩下拿命去拼!

努力从来不等于成功,想成功就要先选对方向,握对工具,在正确的时间做正确的事,这样去努力才会成功!

选择比努力重要,眼光比能力重要,突破比苦干重要,改变比勤奋重要,态度比专业重要!

最后,虽然生活可能会辜负努力的人,但不会辜负一直努力的人。在更短的时间里,在我们尽可能年轻的时候,让努力更具意义或者价值,不是更好吗?

掌握破局思维，给人生更多机会

前面我们聊了努力的话题，但很多时候你会发现努力也不会有好结果。

譬如你很穷，然后节衣缩食，结果却依然入不敷出；你很胖，然后拼命节食，结果却依然大腹便便；你很忙，然后天天加班，结果工作成效依然不高。

很多时候，当你顺着规则，努力想要做出改变，永远都难以达到预期的效果。就好像一头拉磨的驴，在这个"拉磨"的规则里，无论怎么顺应这个规则，最后的结果都不会改变。

这并不是因为你对规则不够了解，而是在系统性的困境里，如果你想更进一步，就必须破局。

1. 什么是破局？

要想理解破局，我们首先要明白什么是"局"？

按照百科的说法，所谓的"局"就是你身边各种资源之间相互关联和相互作用的状态与关系。它就像一个网一样，把所有参与者都网罗其中——我们既是局中的受益者，也是局中的受害者。

譬如功能机的时代，诺基亚身在功能机市场的大局中，就算公司上下都意识到存在的问题，也尝试去改变，但过往的历史绳结让其难以挣脱，在常规状态下根本无力改变。

另一家公司——柯达也是一个典型的案例，由于自身的困局，不想用新技术，最后整个公司都被社会淘汰。

解释完"局"之后，"破局"就很好被理解。在"局"的基础上来说，破局就是改变常规状态，用新的模式进行革新。

譬如在马车时代中，倘若你要成立一家新公司，不管是"好马""好车"，还是"好的车夫"，利用这些因素去抢占市场份额，无疑是天方夜谭。因为这些因素都在头部企业的垄断下，依循常规思维永远都不可能解决这个困境。

而站在更高维度去思考，尝试打破这个局面，"汽车"就应运而生。后来，1885年卡尔·奔驰制造出世界上首辆三轮汽车之后，在汽车技术的革新下，再强大的马车巨头也无法对抗，最后退出了舞台。

从企业兴衰的角度来看，破局与困局无处不在；从个人兴衰的角度，其实也是如此。

2. 个人的不破不立

有个成语叫"未雨绸缪",意思是趁着天没下雨,先修缮房屋门窗。比喻事先做好准备工作,预防意外发生。

从这个角度来看,其实不管什么人,都应该必须拥有破局思维。因为每个人都身处不同的局中,而局面总是变化不定的,你不可能永远掌握主动。唯有不断破局,才能避免到来的风险。

譬如"中年危机",可能是很多人都会面临的职场困局。

你不可能通过不断加班,希望企业论苦劳而不开除你;也不可能埋头攒钱,到了年老靠坐吃山空解决危机;更不可能寄希望于运气,相信自己是那个特例。

你唯一能做的就是解局、破局,打破常规思维,通过其他角度、其他方法、其他模式来化解这场危机。

另一方面来说,从个人成长的角度,每个人都会遭遇瓶颈,而依靠线性努力是不可能摆脱困境的。

最近这两年有个流行的词语叫"穷忙族",主要指那些薪水不多、整日奔波劳动却始终无法摆脱贫穷的人。

理论上来说,我们都认为勤劳致富。在过去,穷被认为是懒惰的代名词,但现实来看并非如此。如果个人忙碌的模式出了问题,不仅无法致富,还会在贫穷的旋涡里,越陷越深。

所以从个人成长和风险对抗的角度,破局者生,不破者死。社会环境和自然环境二者的生存法则其实都是一样：适者生存。

3．采用哪些思路能够破局？

从个体生存和发展的角度出发，如何才能破局，解开系统性的困局？我总结了3个要点：

①核算人生成本

破局的前提是识局，不识局不谈破局。要想识别局面，你必须有本账单来计算得失，核算"人生成本"，才能知道如何决策。

什么是"人生成本"呢？简单来说，就是人们做事情总有自己的目标，为了达到这个目标，我们总要付出一定的代价，它包括金钱、时间、机会、精力。

很多人在核算自己的"人生成本"时，往往只计算了金钱，没有意识到其他方面的损耗，因此很容易陷入"穷忙"中并不能自拔。

举个例子，假设你的时薪为20元，一天工作8小时合计能赚160元。你感觉你的收入太低，选择加班工作12小时，你的收入变成了240元一天。

表面上看你只损失了时间换取了金钱，实际来看不仅如此，你还损失了机会、精力。因为在超负荷的工作中,你根本没有时间接触到其他获取更多收入的机会,也没有精力去做其他更有价值的事情。

如果你还足够年轻,这样的交换损失更大,相当于一个人对未来极大的透支。

因此,绝大多数"穷忙族"里,表现最明显的就是流水线上的"普工",他们日复一日的工作,除了微薄的收入,成长、机会、精力都被隐蔽地"吃"掉了。

②存一份机会

破局的第二个关键就是给自己"存一份机会"。我们必须明明白白地理解一件事:除了金钱,机会也是可以储蓄的。

举个简单例子:一个人投资,另一个人不投资,先不谈结果,只有前者才有赢的"机会",而后者连这种可能性都不存在。

因此,从个人成长的角度,如果你实在找不到出路,不如给自己"存一份机会",或者说用时间给自己"布局",等待契机。这个机会可以是一份"副业",一群"值得投资的人",一个能创造价值的"爱好",或者一个"好习惯"。

暂且不用考虑这个储蓄的得失,你要记住的是,你储蓄的不是短暂的得失,而是路径。每向前一步,就代表你对某个人、某个行业、某件事的理解又深入了一些,这样持续在这个领域里持续付出，你总能发掘出一条新的"黄金之路"。

多储蓄机会，给人生一些可能性，如此你才会拥有破局的"筹码"。

③找到更多的模版

一个人的认知活动，都可以理解为模式识别。所谓模式识别，就是当你遭遇一件事情时，会自动匹配对应的模板，去解决它。好比我们做数学习题，看到一个新题目时，便会自动检索公式，尝试解开它。

有时候，我们的"公式"不够用时，就会出现"无解"或者效率低下的情况，这个时候我们就需要学习更多的"公式"。

人生其实也是如此，应对不同的事物，如果你只有一套"模版"，肯定容易陷入死局，挣脱不出。只有你的头脑中存储的识别模板越多，你去接纳和理解不同新事物的能力就越强。如果你无法形成足够多的模板，就无法找到各种事物之间的联系。

什么是真正的长期主义？

关于一份工作，你是否想过下面这个问题：

是一直坚持下去，几十年如一日地不动摇？还是死磕一项技能，不管结果如何惨淡都不放弃？又或者是坚持不懈地努力，脚踏实地，不搞投机？

长期主义就是"长周期＋坚持"吗？如果真是如此，我们身边的一些"老好人"全部满足这些标准，但为什么没有人想成为他们那样的人呢？

1. 对长期主义的第一个误区

什么才是真正的长期主义？大多数人对长期主义的第一个理解误区就是：盯着长远目标，不计较当下的得失。

然而，真正的长期主义是注重短期的，是需要快速迭代，小步快跑的。因为外部环境和你遭遇的问题不断在变化，任何目标都需要遵循环境的变化而调整。否则时代在变而你不变，你就只会倒在浩荡大势的车辙辘中，被碾压、被粉碎。

在这里，我还要引申到一个重要的理念就是：短周期。

正确认识长期主义，你就能发现，所有的长周期都是由多个短周期组成的，这些短周期的成败，决定了长周期的结果。

譬如我从 2018 年开始兼职做自媒体，和我一起开始做的人很多，向我请教过的人也很多，但 99% 的人都放弃了。不少人说："我没有你这样的天赋，我努力了很久都没有收效。"

当一个时间周期达不到时，大多数人都会选择放弃。这些种种失败的背后，问题其实并不出在天赋，或者其他方面。而是大多数人并没重视短周期，眼睛只是盯着长周期。

我却恰恰相反，并不像大多数人一样，学习写好一篇又一篇的文章，而是从写好一个句子开始，到写好一个标题，再从写好一个开头开始，接着到写好一个段落……最后才到写好一篇文章。

很多人一开始就盯着"我要写好一篇文章"这个目标，写了 10 篇、100 篇之后，和其他人对比起来，深感差距太大，而且进步不明显，于是就放弃了。

一开始你的方向和目标就错了，结果自然是错的。

2. 对长期主义的第二个误区

对长期主义的第二个理解误区则是：一味相信坚持的力

量,撞破南墙也不回头。

坚持是好事,我在以往输出的视频内容里不止一次提到概论率。按照公式来说就是:坚持就有好结果＝足够的尝试次数＋一定的概率。再小的偶然,都会出现必然。很多时候就是如此,当我们活得足够长,做的抉择足够多时,大数法则[1]就会发生作用。到那个时候,运气就不再是虚无缥缈的东西。

但问题来了,之所以坚持的原因,是因为很多正确的选择,只有把时间拉长才能看到结果;而不是拉长时间进行错误的抉择,以为能开出奇迹的花朵。

你首先要清楚你的抉择和方向是正确的,然后再坚持,在长时间的周期里,才能将偶然变成必然,否则成功率为0的事情,在10年里就算坚持了1万次,结果还是0。

3. 对长期主义的第三个误区

对长期主义的第三个理解误区就是:不清楚长期有多长。

我们嘴里总是说着长期,但你是否想过长期到底有多长?是5年,10年,还是一辈子?

这些答案都是错误的,长期主义指的是在符合一件事物的

---

[1] 在试验不变的条件下,重复试验多次,随机事件的频率近似于它的概率。

"周期曲线"里去奋斗,而不是盲目坚持。

譬如"中关村第一才女"梁宁老师之前举过一个例子。

有一对双胞胎,在2010年一起大学毕业,一个加入腾讯,一个进入一家报社。7年之后,去腾讯的那位已经是年薪百万元,而且满街都是挖他的猎头,投资人也在争取他;而去报社的那位,因为报社沉沦了,一切都需要重来。

同样在一个长周期里,为什么两者的命运如此不同?答案就是在周期曲线里。

任何事物都有萌芽期、成长期、巅峰期、衰落期和终结期。因此,真正的长期主义,是要识别周期曲线的变化,然后像"傻子"一样努力,而不是用努力去博不确定的未来。

知道这一点很重要。

最后,让我们做一个总结:

第一:真正的长期主义,不是只注重长周期,而是既注重长期,更注重短期,快速迭代,小步快跑。

第二:长期主义≠坚持,你要选择正确的方向,或者确定这个方向存在概率,然后把时间拉长,反复尝试才会有好结果,否则一定会事与愿违的。

第三:要清楚长期主义的长期有多长,根据自己选择的方向识别未来的走向,不要与趋势做对。

↪ 长期主义下,还须学会识别沉没成本

有个成语叫作"覆水难收",意思是指倒在地上的水难以收回,比喻事情已成定局,难以挽回。

道理很简单,但是很多时候,我们还是会深陷其中:

吃饭时,已经吃得很撑了,吃不下去但还要继续吃,因为这顿饭花了不少钱;

下厨时,一不小心炒煳了一盘菜,但还是要尽力吃下去,因为投入了足够多的时间;

看电影时,看了一半,发现是一部烂片,但依旧继续看下去,因为花了票钱;

……

很多时候,因为付出了一些东西,比如时间、金钱、精力,所以就算已经知道结果很糟糕,我们也想坚持下去。但是这背后

的坚持有意义吗？其实并没有！

大多数时候，如果我们进行合理地算账，就会发现：有些情况下，越是坚持，损失越大，直到它将我们拖垮为止。而这一切的根因，都源于"沉没成本"。

前面我们聊了长期主义，与之相对的，我们也要弄清沉没成本的问题。

1. 什么是沉没成本？

什么是"沉没成本"？是指以往发生的，但与当前决策无关的费用。

听上去似乎挺简单的，但做起来极难：

譬如投资理财，当下亏损了 50%，你会忍痛割肉，果断卖掉吗？并不会，你会觉得都跌成这样了，未来肯定会有逆转。即便这只股票再垃圾，你也会这么告诉你自己，直到下次被"打脸"。

譬如赌博，你输掉了很多钱，会果断离场吗？并不会，你会觉得：我都这么倒霉了，肯定马上否极泰来。结果往往输得血本无归。

再譬如你选了一个糟糕的专业，但已经临近毕业了，你会选择抛开专业去择业吗？并不会，你还是会觉得，我之前努力了十几年，专业再不好，也比重头开始强吧！

大多数时候，我们都会认为再坚持一下肯定有转机！但现实往往事与愿违，若是不能果断放弃，只能损失更多沉没成本。

为什么会这样呢？原因在于沉没成本根本不算成本，它和当下要做的决策其实毫无必然关系，只是情感上我们将其强行联系起来了。

从感知来考虑，我们总会认为凡有付出，必有收获——前期投入了这么多，继续下去的结果大概率会变好。但如果方向错了，只会更糟糕。

另一方面，大多数时候，得到的快乐其实并没有办法缓解失去的痛苦，这会逼着我们"赌红了眼"，继续下注。

2. 如何摆脱"沉没囚笼"？

①用理性提问代替感性直觉

在20世纪80年代，英特尔还是一家存储器公司，因为日本公司的价格竞争，英特尔已经连续6个季度亏损。面对如此的困境，他们不知道该不该放弃存储器的生意，转向新的业务，高层争吵了很久都没有结果。

在此番困局下，英特尔总裁安迪·格鲁夫与董事长摩尔谈话说："如果我们都下台，另选一位新总裁，你认为他会采取什么行动？"

摩尔想了想，说道："他会放弃存储器的生意。"

然后，格鲁夫最终把英特尔转变成了一家微处理器公司，果断放弃了存储器业务，让公司重见生机。

当我们难以做出抉择时，不妨尝试英特尔这种方式：换一种身份或换一个视角向自己发问。

我们可以站在一个纯理性的角度或者上帝视角来问自己：如果是一个不知道我过去付出、不需要承担过去成本的人来帮我做决策，他会怎么做？

俗话说："当局者迷，旁观者清。"当我们脱离自我视野的时候，自然会清楚最正确的选择，到底是什么。

②学会做减法

在我毕业后的前几年里，我走了不少弯路。当我重新站在十字路口时，我再次变得纠结起来：我希望下一份工作，收入不低于5000元，而且还能学到东西，好好成长；同时，我希望自己的专业和专长能发挥作用。

但是，按照这样的标准，我筛选了很多公司，结果都不尽人意。最后，我开始正视自己的内心，把所有的标准都罗列出来，一条接一条地划掉，只保留一条最重要的事情。

当抛弃了所有"不靠谱"的答案，我意识到了，过往的收入不重要，曾经的专业不重要，我需要的是迎来一次新生，足够为自己带来翻天覆地的改变。

后来的结果，相信一些读者都知道：对比上家公司，我还自降了1000元的薪水，只为在这个领域能有所成长；1年后，我的收入增长了3倍；而现在，我能成为所在企业的COO[1]，也是曾经的那个选择带来的。

很多时候就是如此：当你带着"包袱"前进时，你总是很难做出选择。

你最好的办法就是做减法，直视自己的内心，把无关紧要的东西都丢掉，别管你曾为它付出了多大的成本。

很多人毕业那会儿，总是告诉自己：我付出了多少努力才考上了这所大学，读了这个专业，我必须在本专业里找工作。

在他们工作一段时间之后，依旧会告诉自己：虽然我并不喜欢这份工作、这个行业，但毕竟投入了这么多，不该放弃。

真该如此吗？并不！

我们都应该意识到：我们的人生不应该为过去负责，而是为未来负责！

不管曾经投入了多少，如果当你发现一条路走偏了的时候，应该立刻停下来，而不是去自我感动——我这条路走了多远。

永远记住，拖垮我们的永远不是当下的困境，而是我们不愿放手的沉没成本！

---

1. 首席运营官的缩写，又称运营总监。

着眼于平行阶层，才是立下格局的关键

很多人喜欢学习名人、伟人，学习他们的行为、格局，认为效仿他们，自己就会成功。

但现实是，人最好不要追求过高的格局，因为格局是相对的。永远不要奢望自己和层级相差太大的人的格局一样，保持"个人格局"超过当下"所在阶层的半筹"就好了。

1. 一个人的格局大不大，要看阶层

我们必须记住一个点：格局是相对的。

一个人月入 2 万元，不愿意花 1000 元做投资或者维系社会关系，你可以说他没格局；一个人月入 2000 元，舍不得花这 1000 元，你能说他没格局吗？

从物质支配上，我们可以明确看到格局是相对的；从精神境界来看，一样如此。很多人都不懂这一点，在能力有限的时候，往往追求过高的格局，最后酿成灾难。

之前网上流传过这样一件事。

一位华为的员工入职后非常努力,做出了不错的成绩。但在工作之中,他发现华为在管理和战略上有问题,最后他决定写一份"万言书"给华为创始人任正非。任正非看完后非常感动,却拒绝了他的建议,并回复:如果你有精神病,请马上去治,如果没病建议你辞职。

这个故事清楚地点明了一点:人要站在自身的位置,摆正自己,不要追求过高的格局。

格局是什么?简单来说,其实就是一个人站多高,看多远。

一个人在井底的时候,去思考天空的样子,并给出建议,这样的格局是要不得的,只能算眼高手低。如果一个公司,所有普通员工和高管的格局一样,天天想着战略发展的事情,那这家公司一定完了。

任正非在用人上有句话说得好:砍掉高层的手脚,中层的屁股,基层的脑袋。就是说明人要做与自己匹配的事,有与阶层匹配的心性,否则往往高不成低不就。

譬如一个高管,可以考虑公司战略,放弃短期利益,平衡团队关系,做好自我牺牲;但一个普通员工也像高管一样考虑的话,只会连自己的KPI(关键绩效指标)都完不成,还得不到同事和领导的认可,最后工作都可能丢掉。

孔子曾说:"德不配位,必有灾殃。"格局不是越高越好,而是要适宜。

在你所处的位置和阶层,别人对你的评价不会太差,超过大多数人,你就是"大格局",在此之上,你要求更高,只会害了你自己!

2. 平行阶层看长和宽

在对应的领域,要怎么保持合适的格局呢?一言以蔽之:平行阶层看长、宽。延展来说就是:你为人处事的时候,既要有宽广的视野,也要有足够的深度。

宽:做事要考虑全面,不要为蝇头小利冲昏头脑。用三国演义里曹操的话来说,就是不要"色厉胆薄,好谋无断,干大事而惜身,见小利而忘命"。不少人的思维足够广,考虑周全,以高论低,周边人自然觉得他有格局。

"长"的含义更简单了,就是要有长远的计划。古语有云:"不谋万世者,不足谋一时;不谋全局者,不足谋一域。"做人做事,要有长远的计划,没有计划,就算宽度再好,也容易被眼前利益吸引,从而走偏。

我曾经带过一个销售,她的能力非常强,按照她的水平,早应该在不错的公司,担任重要的职位。但现实是,她的职业生涯总是起起伏伏,很快上去,又很快下来——所有直属领导对她的评价都是其格局太低。

她本性如此吗？可能有一定因素，但最关键的其实是她没考虑那么远："我不知道自己能不能做经理、做总监，我也不知道做了能拿多少钱；大家拥护我了，这个团队未来怎么样，我更不知道——我只知道，只争朝夕，现在能多赚钱，就多赚点，抢占团队的利益也行，谁知道会干多久。"

不少人容易和她一样，轻而易举地陷入蝇头小利里，嘴上说要有格局，身体却很老实，最后卡在某个瓶颈一直上不去。追根溯源，主要和"认知水平""原生家庭""长远规划"这三个点有关。

因此，如果深感自己想要追求更好的未来，但很难做到，可以从这三点入手。

其中"认知水平"这点比较好解决。多读书，多询问地位高你一筹的人，就能得到比较具体的答案，可以落地执行。

"长远规划"可以基于职业发展，请教层次级别高的人，自己对短期利益和长期利益做平衡。

"原生家庭"这一点其实是最难的。很多人读了很多书，也请教了不少人，但由于原生家庭的言传身教，短时间很难改变，除了时时告诫、日日提醒之外，并无特别好的方式。

不要刻意追求"大格局"，过犹不及，还会有害，保持比当下阶层高半筹是最好的；也不要思考那些伟大的人的格局有多么高，又是怎么做事的，对自己并没有太大的参考价值。

认清"马太效应",让自己步步领先

你是否常常发现这样的情况:

在一个团体里,明明别人没比你优秀多少,但他的职位工资却比你高出很多;

同样从事一件事,大家都在艰难的环境里沉沦,最后总有几个普普通通的人能一飞冲天;

……

是他们的情商或智商特别高吗?事实看来,并不是!

很多人之所以发展得越来越好,往往是他们掌握了人生中的"马太效应"。

什么是"马太效应"?或许你常常听到这个词,但到底什么是"马太效应"呢?

这一词出自《圣经·新约-马太福音》里的一则寓言:"凡有的,还要加倍给他叫他多余;没有的,连他所有的也要夺过来。"

这点有多残酷呢?

好几年前,我在一家创业公司工作,短短两年里,有人从一线销售成长为分公司的总经理,管理数百人,年薪接近百万元。

是他们特别优秀吗?并不是,他们可能就在某件事情上,比大多数人强一点点,然而这一点的叠加,最后让个体和个体之间的命运差别变成鸿沟。

最开始的时候,他们只是比别人多拨出几个电话,然后多出几次拜访,再然后多出几个成交,多出一份业绩。靠着这份业绩,他们又比大多数人多出一份前程,走上管理岗位。而到达更高的台阶之后,他们获得了更多的金钱能够投资自己,又获得了更好的机会,再次和其他挣扎的人拉开差距。

几年之后,不管他们去任何一家企业都能任职于高层,他们的收入、职位都很可观,而同期进去的很多人,甚至连吃饱饭都是一个问题。

任何领域其实都是这样的。我们常常认为失败是成功之母,然而现实是"打脸"的,只有成功才是"更大的成功"之母。

整个世界就像是一个巨大的赛场,一旦竞争者在初期获得一点点优势,在后来的竞争过程中,这种优势就会像滚雪球一样越滚越大,最终导致成功者和失败者之间的差距大得难以想象,甚至会影响到下一代。

1."马太效应"有多重要？

你或许对此会不以为然，觉得躺着不动还舒服点，有钱人有有钱人的精彩，我也有平凡的舒适——何必奢求这么多？就让他们更加富有吧，和我有什么关系？

但现实是：每个社会阶层的人都在拼命竞争，当你在努力时，其他人也在努力，所以你的努力并不能改变你的阶层，只能保证你不会掉队罢了。

而如果你选择躺平，这样并不会让你还可以享受"小富即安"的状态，而是后面的人会一拥而上把你的资源都吃掉。最后，等到你的孩子出生后，还会被拖累。

要知道，就在当下，贫困地区的孩童还在为能不能读书、能不能吃饭而发愁的时候；一线城市的大多数孩子在关注境外学校、减肥瘦身的问题。

这就是社会最残酷的表达！你想不争就行吗？这不过是最天真的幻想。

而且从出生到死亡，方方面面我们都受到了"马太效应"的支配，你根本逃不出去。

譬如在科学领域，相对于那些不知名的研究者，声名显赫的科学家通常容易得到更多的声望，即使他们的成就是相似的。例如，一个奖项几乎总是授予最资深的研究者，即使这个奖项下的所有工作都是由一个研究生完成的。

在受教育的过程中，那些最优秀的学生会得到老师更多的关照、赞美和辅导，而这样的正向激励让这些孩子更努力、更用功，从而学习成绩更好。相反，那些成绩较差的孩子，总是被批评、被忽略、被负面评价，这些孩子反而更不愿意学习，成绩更差。

…………

2. 如何利用"马太效应"？

"马太效应"有好处，也有坏处。如何正向利用"马太效应"，为自己积累优势呢？将3个点送给大家：

① 定位优势面

梁宁老师提出过一个观点：上帝安排一个人的命运，或者说给一个人使命，其实是给他一个爱好，一种真实的喜欢，一种叫作"瘾"的东西。

意思就是说，同样一件事，有人不爽，而有人快乐且不厌其烦。

所以，要找到那件能让你一直不厌其烦地做下去的事，你的不厌其烦，就是你的天分。

要把这个天分放大，定位自己的优势面，而不是以弱击强。

② 持续积累

有人肯定会疑惑：按照"马太效应"，别人几代人努力下来，和我们之间的差距这么大，我们还持续努力做什么呢？

这里就要提到另一个统计学法则，叫回归平均。回归平均的核心思想是：一个偶然的小概率事件，很难重复出现。

一个幸运的人中了大奖，发了一笔横财，但是他下一次再中大奖的可能性微乎其微。

一个公司恰好赶上了技术风口，一跃成为行业的领头羊，但这个公司今后再一次赶上风口的概率非常小。

上面这些现象，就是回归平均。

意思就是说，如果没有硬实力，受回归平均的支配，富人的财富也会清空，一切都会归零。

因此，受于这两个法则的支配，穷人还是有机会逆袭的，请务必持续积累，如此获取人生的第一个优势后，才不会被回归平均支配。

③抓住决胜点

周金涛先生有一句名言："人生发财靠康波。"这句话的意思就是说，我们一定不要以为每个人的财富积累意味着自己多有本事，财富积累完全来源于经济周期运动的阶段给你带来的机会。

因此，持续积累也好，定位优势面也罢，这一切都是为了让你在合适的时机抓准合适的机会。譬如升职、加薪、竞赛……在这些重要的决胜点，一定要发挥150%的潜力，让自己脱颖而出。然后去获得下个赛道更多的资源，让自己强大。

掌握巨人思维，学到一手知识

最近几年，我发现知识付费很火，很多人参加各种各样的社群，如饥似渴地学习各类知识。可惜很遗憾，几年下来，似乎都"学了个寂寞"。除了缴了一笔"智商税"，让一些商业大佬赚得盆满钵满，余下的可能就是让自己的视力增长了几度。

这是为什么呢？是自己脑子不好使，智商低人一等；还是自己不够努力，没有将知识融会贯通？

我觉得和这些方面都没有多大关系，而根本原因在于大家都不清楚"巨人思维"。这往往是阻碍我们成为高手最重要的一个因素。

那什么是"巨人思维"呢？用《定位》一书中的话来说，就是：

任何问题都不是孤立存在的，一定有人曾经遇到过，并且已经有更好的解决办法了，只是我还不知道；我不应该在黑暗中独自前行，去重新发明轮子，也许我的顿悟，只是别人的基本功！

现实往往还真是如此，太阳底下从无新鲜事，你知道的或者你不知道的事情，先哲那边其实早就有了答案。

但可惜的事，大多数人没能站在"巨人肩上"，甚至还在泥坑里嬉闹，而这样会导致 3 种结果。

1．学到误传的知识

譬如"嫁鸡随鸡，嫁狗随狗"这句话，真正的说法是"嫁稀随稀，嫁叟随叟"。

这里的"稀"指的是少年，而"叟"指的是老者。古时候的婚姻都是"父母之命，媒妁之言"，两个人结婚到入洞房之前，甚至不知道对方长什么样，等到看到对方的时候，好坏都已经成了定局，所以就有了这句俗语的来源。

后来人们口口相传，难免会把"稀"读成"鸡"，把"叟"读成狗，因此就成了一种误传。

这种情况下，我们很容易学到误传的知识。

2．学到碎片化的知识

关于济公，有句话很知名的话："酒肉穿肠过，佛祖心中留。"意思是只要心中有佛，吃肉喝酒也是可以的。然而这句话的后半段是："世人若学我，如同进魔道。"

这句话的出处是，明末有位破山禅师，在战乱年间，在一位军阀的营地生活，他见军阀嗜杀成性，为了救一方百姓，于是要求他戒除不必要的杀戮。军阀见禅师严持戒律、不食酒肉，就对他说："你只要吃肉，我就不杀人。"禅师马上与军阀订约，不惜吃肉喝酒，使许多人得以活下来。

而现在流传的这半句话，从字面上理解，根本无法表达当时的情况，这就是严重的知识碎片化。

3. 走了不少弯路

通常情况下，知识和知识之间存在严密的体系，只靠自己的思考，很容易走进死胡同，自己的认知能力或者技能水平卡在某个层级，再也上不去。

就算天赋卓越，能够打破这个瓶颈，在这个过程里，也难免会走弯路。说不定你今年悟透的某个知识，早在几年前就已经过时了。

从这些角度来看，学会站在巨人肩上太重要了，但问题是，如何找到巨人呢？那些社群靠谱吗？

比如樊登读书、逻辑思维等等，樊登和罗振宇都是牛人，做大多数人的巨人毫无问题。但现实是，当知识的普及变成一个规模化、产业化的生意之后，无论是樊登，还是罗振宇，他们既要保障公司的运营，还要出席各种活动，同时要在仅有的时间里，进行大量的阅读并消化总结，输出足以支撑一个公司运转的知识。这现实吗？

好比之前广受争议的小罐茶，宣传上写的都是制茶大师手工制作，而按照销售量预估，假设年中无休，平均下来每位大师一天要炒1466斤茶叶。我不禁怀疑，各位大师要么是潜在的超人，要么是变异的绿巨人。

当然，搞知识和炒茶不一样，炒茶还得找专业人士，用专业设备；搞知识，你找几个大学生每天读读书，总结下核心观点，然后录成视频，打上品牌标签，成本可就低太多了。

因此，在学习知识的过程中，千万不要受品牌或者宣传的误导，得花时间找到真正的巨人，这样才能取得事半功倍的效果。

譬如，你想学习什么方面的知识，问问你身边对这块了解最全面的人，要他给你推荐这个行业真正的专家，或者阅读真正靠谱的书籍，比听信各类营销号的宣传靠谱100倍。

实在不行，你把某个疑惑通过各类搜索引擎搜索一遍，把各种答案都看一遍，看不同的角度和想法，这比偏信靠谱太多了。

千万不要急功近利，不要为了求快、求省事，不要缴了智商税，还缴了时间税。

第 2 章

成长迭代篇

↪ 你可以走得很慢,请务必走得更远

哈佛大学曾经做过一项调查,发现一个有趣的研究结果:每个人的一生中都有7次机会改写命运——第一次不易抓到,因为太年轻;最后一次也不用抓,因为太老了;这样只剩5次,这里面又有2次机会会不小心错过;所以,实际上只有3次机会。

但是现实来看,大多数人都感觉这理论有问题,明明自己连一次机会都没碰到过!

1. 机会都去哪了?

泰国有一个"机会女神"的雕像长得特别奇怪:正面看是一个婀娜多姿的美女,却没有脸;到背后一看,光秃秃的什么都没有。

按照当地人的说法,这座雕像的含义是:机会来到你的面前时,我们往往看不到她的脸,可当机会走了的时候,才发现

她是机会,但是你再去抓时却抓不到,因为后面光秃秃的,什么都没有。

不少人总抱怨身边没机会,其实并非如此,因为大多数时候机会一直在,只是我们未曾看到。

曾经有一个年轻人到北京打工,一无所成,凭着一身力气去做一名送奶工。很快,他靠着自己的努力成立了一家送奶公司,且短短几年就拥用了20万客户。

一次机缘巧合,他突然想到:公司现有20万个家庭订户,不就是一个庞大的网络吗?为什么不能在送奶的同时,兼职做广告投放呢?于是,他又成立了一家广告传播公司。公司广告传播人员,由送奶工兼任。

短短几年里,他的公司飞速发展,到如今员工人数由最早的几个人,发展到几千人,最后成了亿万富翁。

这就是"送奶大王"吴作仁的故事。

很多时候,我们真的没机遇吗?其实并非如此,而是我们没有意识到机遇是什么。

2. 机遇是什么?

之前有人向我咨询:怎样才能抓住一生中屈指可数的机遇实现逆袭?我有些哭笑不得,不知道如何回答。

有时候,我们总是觉得机遇好比"灵光一闪,天降富贵"——

不经意间遇到什么贵人,遭遇天上掉馅饼等等,但这世间,哪来这样的好事?

譬如阿里云的创始人王坚,作为"马后炮"来看,这是王坚的机遇,但如果让1000个人重复他的境遇,999个人都会直接放弃,还有一个死扛,最终也不会有成果;再假如,把一个现代人丢到民国时期,即便知道历史脉络,很大的概率还是会死于兵荒马乱。

世间是动态的、随机的,希望与绝望、机遇与挑战并存,抓得住,叫机遇;抓不住就掉下去,叫陷阱!

所以,机遇从不是天降富贵;同时它也不是稍纵即逝,转眼成烟。

很多人常常说"时不待我",过了30岁还没如何就怎么样了,或者说错过这个机会,以后注定再也没有机会。

朋友所在的一家公司,从2015年成立开始,有钱、有资源,背靠好几家世界500强企业作为股东,到去年年初,还赶上了政府对相关行业大力支持,将其选入第一批重点扶持名单,这算是各种机遇都赶上了!结果因产品本身不行,耗费了大把资源都无法交付,至今一塌糊涂。

相反另一家去年成立的公司,没有明星团队,没有资源,扎扎实实做了好些标杆项目,到了今年则受到了资本疯狂追捧。

自强则万强,哪有这么多赶不上的机会。能力够了,每天都有新机会；能力不够，就算机会再好，都和你无关。

我之前所在的公司曾在2008年时遭遇一场危机，濒临倒闭。其中某个老员工拿出全部身家支持老板，一跃成了公司股东之一，后来公司转危为安，现在他都在上海买了别墅。

他是抓住了某一刻的机遇吗？错了，表面上起决定作用的是他的全部身家，实际上在那之后留下来的人，拼了命地连轴转，提高了行业竞争力，才得以把危机变成机遇。

在我遇到我人生中最大的转折点之前，回过头来看，一件件事情都像一个个"天坑"：

入职拿着行业和公司最低的薪酬；

培训期间被"校长"多次警告要被开除；

参加集中训练，10日10夜，每天只睡2~3小时，几近崩溃；

上岗以后，工资还不够交房租，借贷款为工作买了新手机、新电脑，多次在凌晨惊醒；

周六不休息，周日还经常加班，入职半年，80%的伙伴不是被淘汰，就是主动离开；

……

经过这些磨砺之后，我死撑过来，看到了天光——一年以后整个行业"火"了起来，我们这些人都成了"香饽饽"，

90%的人都走上了不错的岗位。

机会不是灵光一闪，天降富贵，也非稍纵即逝，转眼成烟；机会是蛰伏，是等待，是压迫，亦是喷发。

爱迪生说："大多数人总是无法发现机遇，因为机遇总是穿着厚厚的外套，看上去像是辛苦工作。"

如此，才是机会的真相！

3．如何把握人生的机会？

①做加法

古龙说："在这个世界里，最大的问题并不在于有几成机会，而在于你能把握机会。若是真的能完全把握机会，有一成机会也已足够。"

很多人，选对了，也做对了，但就是把握不住，首先在于不愿意做加法！

"即刻"平台上曾有篇文章，题目是《仅仅用4个月时间，公众号如何从0增长到32万粉丝》，其核心方法是发红包，总结为：用几万块钱红包换来几十万广告费，这还是挺划算的。

但你要真学着去试试看，保证你死无葬身之地。

很多人想找捷径或绝招，肯定有，但对你无用，因为你缺乏很多要素。

前段时间老板跟我讲了一个商业模式，问我看看他能不能也按这个来。

我说："可以啊，但这条路不适合我们——对他们的商业模式来说，只需要做好一个要素就可以，但对我们来说，必须要做好三个要素，不然投入结果就是要么失败，要么产出不成正比。"

别人有成熟的聚合营销团队，而你没有；别人有成熟的内容团队，而你没有；仅看到别人有的产品，你貌似有，那么，尽管去学所谓的绝招，学得越多，"死"得越快。

如何把握机会，就是在你还没有足够的能力时，不要想太多，一定要积累、积累、再积累。要知道，所有看似抓住某个机遇的一飞冲天，都是过去积累的一次爆发。

②做减法

北岛说过一句富有深意的话："人还在的时候，总以为有机会相见，其实人生就是减法，见一面就少一面。"每个人的时间有限、精力有限，了解的东西有限，投入的资源有限——越是分散，越难出成果。

白岩松在《光阴的故事》里有一段演讲，回首自己的30岁时，他说：

我在 30 岁最大的人生感受是减法。有的人在 20 多岁的时候拼命地做加法，但是忘了到一定的时候要做减法。你不是所有的都适合，也不是适合你的所有事，你都该去做。

最后他总结说："今天的一切，都得益于那时候做减法。我发现我只能做新闻，也最该做新闻。"

贪婪很容易，但往往断送良机，唯有克制，才能从平凡走向成功。

我从 2019 年 1 月份开始花业余时间做自媒体，到如今断断续续拿过一次月度奖励（5000 元），数十次青云计划奖励，数十次征文奖励，并非有什么特殊天赋。

有且仅有一个原则：学习时，就是不断写，保持日更做加法；精进时，只管写好内容，其他的什么都不去想。一加一减，恰好把握了现在的一些机会，获取了数万元收益。

人呐，要清楚：机会一直都在，用时间换天分，用坚持换机遇，做好加减法，可以走得很慢，但务必走得更远。

连接和循环，让人脉发挥价值

在天津卫视的一期求职节目上曾发生过这样一件事：一位 20 多岁的年轻小伙在台上侃侃而谈，炫耀自己参与了多少高端会议，积累了多少人脉，就连董明珠、俞敏洪等众多商界大佬，他都非常熟悉。

于是主持人要求他当场验证，结果一连拨出好几个号码，都无人响应，最后尴尬得下不了台。

当时，我看这期节目的时候，周围人挺多的，大家纷纷发表意见：

"人脉不是这样的，人脉的潜台词是'互相利用'。"

"人脉不是你认识多少人，而是多少人认识你。"

"只有自己优秀了，人脉才是人脉，不然那只能叫好友数量。"

这些观点似乎都对，但挺含糊的。究其根源：人脉的本质究竟是什么？哪些人算作人脉呢？我们到底如何积累人脉呢？

前辈们常常说：七分靠人脉，三分靠拼搏。人脉既然这么的重要，哪些人才能算作我们的人脉呢？

有人说，我干销售，与很多企业老板打交道，这些企业老板都是我的人脉；有人说，我的兄弟、朋友遍及大江南北，一声令下，千里来援，这些都是我的人脉。

其实这些对人脉的说法都不准确，如果要下个定义，应该是在这个世界上，只有那些你能够帮到的人，才是你的人脉；那些能够帮到你的人，多半不是。

有人可能会说："人脉是要讲究质量的，净找些我能帮到的人有多大意义？当然应该在能够帮到我的人那边发展人脉！"人人都想找对自己帮助极大的人，或者那些能量极大的人，但我们有没有想过，这叫人脉吗？

我觉得这种与其叫人脉，不如叫命脉。别人失去了你，没有太大影响；你失去了别人，可能要了你半条命！把别人当命脉，总想着趴在别人身上吸血，这种关系是不能长久的，这并非人脉的本质。

本质上，只有我们能帮到的人，才是人脉。脉是流动的、循环的。你能帮到别人，然后再考虑别人能给予你哪些帮助，这样才能构成一个循环系统，主次不能乱。

1. 连接和循环，广交朋友

广交朋友，要找我们能帮到的人。那我们可以试想一下，一个健康的人脉的核心是什么呢？

答案很简单：连接和循环。

人人都有人脉，但并不是每个人的人脉都发挥了作用，产生了价值。要想让人脉运转起来，我们必须主动做好连接和循环。

什么是连接？连接是你知道别人缺什么，你能帮助的事情；是你知道别人有什么，能帮你做什么事情。不管是你帮助别人，还是别人帮助你，在这种连接的交互过程中，关系就产生了，价值也就发挥了。

总是矜持地待在自己的世界里，人脉会萎缩，甚至枯萎；同时也不要舍不得，没有付出，就没有收获。很多时候，自我付出，为的就是"打通"人脉。

人脉不是单方面的，所以还要做好循环。越循环，人脉越紧密；越紧密，人脉越通畅。

短期内，人与人之间都会有所保留，毕竟谁会把最有价值的东西给你？循环的本质就是一个由外逐步向内的过程，到最后，大家都愿意把最核心的东西拿出来，然后共同分享，构建更大的价值。

很多人都有一个疑惑：人脉可以跨阶层吗？有人高高在上，

是企业家,是高管,而我微不足道,他们能成为我的人脉吗?

答案是:可以!遵循人脉的第一原则:只要你能帮助到对方,谁都可能成为你的人脉。

我曾经服务过一家客户,这家客户是直属领导在一线时签约的。那些年,这家客户可以说是公司标杆中的标杆,月月增购,对产品的忠诚度极高。然而,有一年,领导调任去南昌做了负责人,到这家客户续费的那一天,却出了状况:任凭我们怎么说,客户就是不愿意再用我们的产品。

于是我和同事上门拜访,询问对接人才得知:其实客户早就想换产品了,之前是因为我们领导常常帮这家企业做业务分析,充当销售顾问,客户老板才卖他个面子。现在领导走了,他们就决定换了。

一个之前是销售员,一个是企业老板,但只要能够互惠互利,存在价值,并不妨碍双方互为人脉。

在这个世界上,价值具备独有性和独特性。别人有的,你没有;别人没有的,你有。不管阶层如何,只要具备这样的前提,大家就有可能互为人脉。

2. 如何积累人脉?

网上有这么一句话:不要等到需要,才积累人脉。

积累人脉是一个主动的、徐徐渐进的过程,不要被动,也不要拿来主义。要做好人脉积累，我们需要做好三个核心：

①密切友情

积累人脉，一定要做好自己和别人的双向定位。

最大化地发挥短期价值，让自己的价值产生"复利"。举手之劳的事情，不要敝帚自珍；另外，积累自己的长期价值，做好蓄力。

可能有交集的人，投资别人的长期价值，投资别人的"潜力"。人脉不仅要发展，还要培育，这样一来会有不一样的收获。

②做一个靠谱的人

这点听起来挺容易的，但其实很难。

什么叫靠谱，网上有一句话大抵如是：凡事有交代，件件有着落，事事有回音。

发展人脉，有时候难免产生居高临下的情绪，觉得自己很牛，甚至产生施舍感，觉得不耐烦。

在这些情绪的左右下，做到这一句话还是有难度的。人脉是互助，是靠谱，千万不要变了味。

③不要看不起人

建立人脉，人的习惯就是找熟悉的人，找身边的人，找亲近的人。但坏处很明显，首先它会是你的短板。

人们常常说：物以类聚，人以群分。

找身边的人，他们的价值观、人生观以及经历多半和你差不多。一旦你陷入认知障碍，他们也同样没办法；相反，找"弱关系"的人，大多数时候，他们能够提供给你不一样的办法或者启示。

其次，"强关系"会成为你的边界。

任何脉络要广而宽，而非臃肿地聚集在身边。更广阔的边界，能让人脉最大化发挥作用。

人脉或许很重要，但是撬动人脉的核心还是在于自身。我们千万不要忽视了自己的成长和积累，最后让自我能力的下限，限制了调动资源能力的上限！

不敢花钱的你,为什么越省越穷?

我 24 岁之前的人生,一直是世人眼中的失败者。尽管在我身上似乎有那么一些闪光点——诸如诚实、节俭、踏实之类的品质,但是相较生活的糟糕,这些都不值一提。

那些年里,穷和"丧"是我身上最大的标签。为了改变这种现状,我拼了命地省了又省,如此持续 4 年后,结果还是穷困潦倒,感觉看不到天日。

在那些时日里,我常在午夜翻来覆去:为什么我这么努力、这么节省,我还是如此捉襟见肘?出路在哪里?直到现在,我才清楚——我的穷,是从过度节省开始的。

1. 不敢花钱的你,为什么越省越穷

有这么一个效应,叫作"头等舱效应"。麦肯锡对此做出很好的解释:"我从不坐经济舱,这并非我铺张浪费,而是我

在头等舱认识一个客户,就能给我带来一年的收益。"这句话一下点醒了很多人。

我们时常认为勤劳持家、节俭致富,却常常忽略了花钱所带来的机会成本。很多人既不投资自己,花时间在成长上,也不投资别人,花时间用于交际——最终还希望积攒很多的财富,这无疑是天方夜谭。

之前的公司曾有一个销售冠军,业绩一直都挺好的,收入也很高,我特别羡慕。那时,我总想找机会和他好好学习,看自己能不能有所长进。

终于有一天抓住一个机会,领导让我和他一起拜访某家客户,当天晚上我兴奋得睡不着觉,做了很多准备。但是,整个拜访下来,我却发现他并没什么特别的地方,某些销售技巧甚至还不如我,这点令我特别困惑。

后来我才发现,他每个月都花钱给电销部门买很多礼物,在线索分配时,虽然有规定是平均分配,但电销部门却把最好的资源都给到了他——这一点才是他制胜的秘密。

表面上他多花了钱,但这之后所有的付出给了他加倍的回报。

而后数年间,我发现越是敢于花钱的人,越是能赚到钱;相反越是节省的人,越穷——这点并不仅仅体现在机会成本上,还体现在时间成本和精力成本上。

2. 省下金钱，却浪费掉时间

很多人习惯性节省，虽然省下了金钱，最后却浪费了时间而不自知。

现实里大家很少反思——我用掉的时间是否划算，是否使我的收益最大化？是否加速了我的成长？很多人只是一味地省钱、省钱、再省钱，寄托于用"节俭"和"时间"改变状态，但却忘了人赚钱最核心的一点是增加自己的时间价值。

爱因斯坦曾说过一句话：世界上最厉害的武器不是原子弹，而是"时间＋复利"。在有限的时间里，别花太多时间想着省钱，而是要思考时间增值，才是明智的选择。

我月薪3000元的时候也非常节省，一年下来月薪还是3000元，生活穷困潦倒，我依旧在贫困的生活里拼命地折腾挣扎，怎么努力都没有结果。

后来才发现，我最大的错误在于没想过让自己的时间增值——当时间价值的增长还没触顶的时候，省钱是最大的浪费。于是我开始花钱投资自己和别人，虽然背上了很多债务，但不到一年，我的月收入就超过了1万元，为什么？因为这些正确的投入，让我自己更值钱，让我的人脉更值钱。

曾经我咨询过一个30岁不到就年薪百万的高管，问她成功的秘诀是什么，她说："我哪来什么秘诀，花钱买时间罢了！"

当你还在花时间处理低价值的事情时，别人把时间都花在了最核心的事情上,很快便脱颖而出,创造辉煌的业绩,升职加薪,走得更远。

纵观身边人,花时间省钱的往往是真穷,花钱省时间的即便贫困也只是暂时的状态。整个人类的文明历程,无非也是一个"省时间"的历程。我们的先辈发明工具的原因不是为了偷懒,而是为了节省时间专注于更重要的事。

当我们的时间被解放出来,能够去创造、去创新、去改造世界时,我们的文明才能变得如此灿烂。靠节省金钱,浪费时间能做到吗?——根本不可能!

3. 你有多少精力可以消耗?

当然,会有人不屑一顾地说:"我有的是时间,浪费时间省钱,简直是'血赚'!"那我就要问了:"你的精力也是无限的吗?"

如果一个人的脑子里,全部装的是柴米油盐酱醋茶,想的是乘坐哪一辆公交更便宜、哪个超市的东西在打折、哪个菜市场的菜更划算、哪个地方固定什么时间做清仓甩卖……请问他哪里还有精力思考怎样更好地去赚钱?

马云会为了这些事斤斤计较?任正非会天天想这些?——别说现在的他们,就是刚创业那个阶段,他们也绝对不会考虑这些,分散自己的精力。

罗曼·罗兰说："与其花许多时间和精力凿出许多浅井，不如花同样的时间和精力去凿一口深井。"我们每一个人，身边都有许多口井，在这些井上都需要花费精力去维护，你在"省钱"的井上花费的精力多了，自然没有精力花在"赚钱"的井上。

每个人都要清楚，在哪些事情上该做"加法"，在哪些事情上该做"减法"，平衡好自己抉择，不要既浪费时间，又浪费精力。

如果心心念念地要计较那么一点得失，花费精力在鸡毛蒜皮的小事上，省那么一两块钱，最终的结果肯定得不偿失。

4．敢花钱是一种能力，乱花钱是一种错误

当然，虽说要敢花钱，但敢花钱≠乱花钱。要知道，敢花钱是一种能力，乱花钱是一种错误。

譬如干自媒体写作这件事，我认识几个人花了几千元，报名了N个培训班，到如今都没有产生半毛钱的收益——这叫敢花钱吗？这叫盲目！

一个人不去明了收益、计算得失，凭借一时冲动行事，花再多钱，无非是被交"智商税"。

假如现今我仍旧从事销售工作，那么我肯定会每年花费1~2万元，为自己购置开源工具和呼叫机器人为自己服务。这一决定看似风险很大，但经过计算，其收益远大过风险。我们

可以拿两组数据，对比其差异性。

A方案：一个月20个工作日，其中5天时间花在找客户上，另外5天时间花在邀约客户上，剩余的10天时间里才能拜访客户，促成成交。在10个工作日内，如果月均成交3单，客单价2万元左右，提成为20%，既1.2万元，不算底薪，年入14.4万元。

B方案：每年花费1万元给自己购买相关服务工具后，在20个工作日中，其中2天时间花在配置工具上，确定拜访时间，剩下的18天时间拜访客户，月均成交提高到5单，客单价还是2万元，提成20%，此时收入就变成了2万元，年入24万元。

两个方案的最终收益结果为：14.4＜(24－1)＝23。该花钱还是不花钱，结论非常明确。

当然，现实生活中的变量太多，远没有想象中那么简单，总会存在一定的试错成本。好比前些天，一位投资人向我们老板抱怨："你们的产品做得这么好，为什么toC（面向用户）产品就是做不起来，你看别人投入几百万元，业绩一下就起来了。"老板哑然失笑，不知道如何应答——有时候并非不愿意花钱，而是根本无法判断是机会还是陷阱。但这并非是过度节省的理由。

从常理来看，这么多显而易见的事情，还偏偏本能地选择节省，这是一个人贫穷的根源。

↪ 所有的"不可能",限制了所有的"可能"

在漫画《一拳超人》中,有这样一个设定:限制器。

所谓限制器,指的是一个生物本身存在着天花板,也就是自身会有一个限制,而限制器的大小决定了一个人的实力。但是同时也会出现突破限制器的情况,一旦突破限制器便能够获得强大并且超出常理的力量。

我觉得这个设定太有意思了。仔细回顾了身边那些厉害的人,我发现他们无论能力大小,都有一个重要的转折点,打破自身的限制器,干掉"不可能"。

1. 对自己说:"不,可能!"

你是否留意到,我们身边时常出现这样的对话:

有人说:"我不想在工厂打工了,我想学点别的,想要月薪过万。"很多人立马就会回应:"你学历不高,又没一技之长,这不可能。"

有人说:"我想开启副业,学别人做自媒体,一个月多赚点钱。"肯定也会有人回答:"你话都说不清楚,又不会写文章,拍视频,怎么可能。"

有人说:"我不想在国企待着了,我想去大城市看看。"周边又会一片讥讽:"就你这样的出去干什么?好多比你强的都去过了,最后差点没饿死,回来连工作都找不到。"

大多数情况下,遭遇挑战或者超出过往能力范畴的事情时,总会有很多声音在说:"这不可能。"但现实是,总有一撮人,常常挑战不可能而成功;对于大多数人而言违背规律、违反常识的事情,他们都能通过努力达成。

在 2018 年上映的纪录片《徒手攀岩》讲了一个"不可能"的故事:攀岩大师亚历克斯·霍诺德在无辅助的情况下,经过长达 3 小时 56 分钟的攀爬,徒手攻克约塞米蒂国家公园 3000 英尺(1 英尺 =0.3048 米)高的酋长岩,成功登顶。整部纪录片让人看得心惊肉跳,攀岩期间任何一个失误都将造成粉身碎骨的结果。

诚如此类事件,生活中有太多的事情属于不可能或者是小概率事件,却有一些人善于征服这些不可能的任务、工作和挑战,在小概率事件中胜出,成了生活的强者。

他们并非能力比大众强多少,而是在他们心里,早已打开了"常规"这个限制器,在生理、常识不断地说 NO 的时候,他们用意念驾驭了躯壳，对自己说了句："不，可能！"

2. 你的"限制器"，决定了你的高度

在生活中，常理固然正确，但它只是针对"标准化"的人。个体是不同的，每个人都独特且唯一，从没有任何规则能100%适应你。因此，如果你认为自己不凡，你就有可能；你认定自己普通，就没有任何可能性。

就在去年，湖畔大学的才女梁宁曾在一次演讲上说道："我们和牛人最大的区别并非在于能力，而是底层操作系统。如果把人想象成一部手机，人的情绪是底层的操作系统，他的能力只是上面一个又一个的 App。"

简而言之，就是你的愉悦、痛苦、恐惧，这些情绪的"限制器"决定了你的高度。

譬如看到火，我们不伸手碰它，因为恐惧；看到风大浪高，就不出海，因为恐惧。你很努力地想说服一个人，去做一件在你看来非常正确的事时，对方不动，不是道理他不懂，而是他内心有恐惧，但他不愿意告诉你。

很多时候就是如此，你的思想没有到一定的境界，就算你的能力已经超过了正常水平也没有任何作用，因为你的"底层操作系统"限制了你自己。

举个例子，两个能力差不多的人，遭遇同样一个挑战：操

作系统更低的人，会说"这不可能，我做不到"；而解开"限制器"的人，会说"我研究下，尽量想办法做到"。

无关能力，"操作系统"更低的人，结局早已注定。

我有个朋友，毕业于复旦大学，她才华横溢，工作能力非常棒，但是找工作却患得患失，过不了自己那关，总觉自己这不好，那不好。

她说："我这个团队不是主要做业绩的，算一个中间部门，而且一直变来变去的，我觉得自己做得一般，能找个和目前薪资一样的工作就不错了。"

我完全不认可她的自我评价，她只不过被心困住了。于是我帮她改了简历，又逼了她一把，将她的期望薪资调高了一倍。

一个月后，她顺利入职，薪资翻了1倍，最近再看她的动态，她从0到1组建的团队，其业绩已经是公司的年度第一，成了不折不扣的"王者之师"。

3. 努力后不一定成功，但不努力一定不成功

绝大部分人认为某件事不可能完成，就是不可能，任何挑战不可能的行为都是愚蠢、自大、狂妄的哗众取宠行为，然而从另一个释意来看，"不可能"其实是"不，可能"。

在自然界，有一种常见的昆虫叫大黄蜂。曾经有很多科学家花费了大量的时间来研究这种生物，原因在于按照大黄蜂的

生物构造，它绝不可能飞行。

因为所有会飞的动物，必然是体态轻盈、翅膀十分宽大的；而大黄蜂的身躯却十分笨重，而翅膀出奇的短小。而且根据流体力学，大黄蜂的身体和翅膀的比例，根本不符合飞行规律。

因此，不管从哪方面看，大黄蜂这种生物，根本不可能飞得起来。但现实是，只要是正常的大黄蜂，没有一只是不能飞行的，甚至它的飞行速度还非常快。

最后社会行为学家认为：大黄蜂清楚地知道，它一定要飞起来去觅食，否则必定会活活饿死！这正是大黄蜂之所以能够飞行的奥秘。

其实人何尝不是如此，好比我们常说一句话：努力后不一定成功，但不努力一定不成功。

很多时候，你告诉自己不可能，那么就算做了100件事，一件事都不会成功；你告诉自己"不，可能"，就算100件事情里只有1%的成功概率，至少你也能成功一件事。——而那一件事，足以改变你的命运。

人生从来没有绝对的"不可能"，对我们每个人来说，只有一句话："不，可能！"

复利思维，拉开人生差距

身边总有太多人懊恼于自己错误的选择，或者运气的欠缺。觉得自己之所以过得不好，核心原因都归根于冥冥之中的定数，或是因为自己没有背景，出身不好等等——于是和那些功成名就的人拉开了差距。

但是，原因真是这样吗？在我看来，并非如此。小聪明、小运气，或者一定程度的背景，最多不过给予一点点的助益，而人与人之间最要命的差距，不过是在最平庸的日常里被拉开！

1. 所谓日常积累，差距到底有多大

知乎上曾有过这样一个问题：一个人月工资10万元，另一个人月工资1万元，这两个人的收入差距是10倍吗？

大部分人觉得肯定是，但一位答主回复说：其实他们两个人的收入可能有100倍的差距。

原因很简单，因为存在一个生存成本。一个月薪1万元的人，假设扣除生活成本8500元之后，剩余1500元；另一个月薪10万元的人，就算生活成本是1万元的3倍，结余约为7.5万元。

按此推算两者的差距应该是50倍；但现实更残酷，如果算上月薪10万元的人买房、投资等，两者差距可能是千倍、万倍。

听上去有些扎心，但这就是现实。由此联想到当下日常的积累，假如一个人比另一个人每天多努力1小时，多学习1小时，他们俩的差距是1.1倍吗？

绝不止如此，如果从高中开始计算，多努力一个小时的人，可能会比另一个人考上更好的大学，去更好的城市，进入一家更好的公司，得到更好的职位，遇见更好的领导，接受更好的培训，学习更先进的知识，掌握更厉害的技能……

他们的差距，不是1.1倍，随着时间的推移，是10倍、百倍甚至千倍。

2. 同等付出，就不会被甩开吗？

在同等付出下，抛开背景、出身，差距就会缩小吗？或者说，除开冥冥之中的运气，其实大众之间就并无区别？

天真的人或许会如此认为，但是人生会进一步告诉我们真相的残酷——同等努力下，人们的结果也是千差万别。

2015年，我从传统制造业跳槽进入互联网行业，入职了一家不错的公司。当时和我一起加入公司的同事有16人，大家来自天南海北，唯一的共性就是年轻、够拼。

5年后，这16个人中，有30%的人成了行业里的中高层，20%的人晋升为所在领域的基层管理者，还有50%的人依旧和往昔一般颠沛流离，换了很多份工作，仍旧在一线从事销售工作。

抛开天赋、能力差异性不谈，当时我所在的那家企业以军事化管理而闻名业内，因此从个人努力来讲，大家应当是不存在差异性的，然而结果是残酷的，现实是惨痛的！

多年以后，我做过深刻的反思，结论是：那些"牛×"的人，之所以会变得牛，不在于努力多寡，而是他们通过复利思维，让人生进行了"指数增长。"

譬如在一家公司的同一个团队里，大家认识的都是同一批人，但不同的是，有人专注于"线性增长"，考虑的是如何做出更多的业绩，完成更多的KPI。这其中有人固然优秀，但他的劳动力只能换取一份报酬，且仅仅只能在他目前所在的赛道里给他带来财富。

但另一部分人，则考虑的是在同等努力下，将结果产出物多次贩卖，进而产生巨额收益。

譬如公众号写作这件事，我的老领导去年就狠狠地给我上了一课，让我看到了差距。

去年 2 月他开始通过公众号进行创作，并给行业媒介投稿；4 月份时，因为之前布局，他联合媒介开始举办线下管理培训课，仅仅一天就有 300 人报名，收获了几十万的收益；5 月份，因为管理培训和线上创作带来的影响力，他接触到了很多行业投资人；6 月，基于他的粉丝受众，他开始给企业做咨询顾问，主要服务内容是融资咨询和管理咨询；9 月，在他所参与咨询的企业中，他选出了一小部分企业，个人进行天使投资；12 月，他投资的几家企业荣获投资，他的资金翻了几倍。

同样是创作，他把想法整理成文字，在网络媒介宣传，获得了收益和影响力；又将文字整理成 PPT，快速搞定线下授课；通过授课，还发掘了可以进行咨询合作的客户；然后基于咨询，又获得了投资机会。

论努力，我不比他差，但对比复利思维、布局操作，我和他之间的差距何止是天壤之别！

曾看过一本书，里面谈到关于时间管理的几重境界。

第一重境界：一份时间产生一份收益，然后努力一辈子，因为能力不断增强，这份收益逐渐提升。

第二重境界：一份时间产生多份收益，让结果产生复合价值,就算单份收益不多,但"复合渠道"多,总收益仍旧极其可观。

第三重境界:让别人的时间为你赚钱,贩卖别人廉价的时间让自己产生收益,甚至产生多重复合收益。

时时自省,问问自己:我在哪一重?

"自欺欺人"的能力,增强你的复原力

这几天朋友老蔡转正了,还顺利拿下一个数百万元的订单,为了给他庆贺,我特意找朋友订了一间餐厅,请他吃饭。

饭局上,老蔡突然没头没脑地说了句:"老伍,你有所不知,入职第一周我就想离职,要不是靠着自我欺骗,咬牙坚持,我早就放弃了。"

我有些惊讶,因为老蔡可是加入公司不到一个月,就被老板提拔为销售总监,为什么会说出这番话?

原来,事情并非我想象的那么顺利。

入职这家公司时,原本他的职责只是负责销售培训。没料,上任第一天,当时的销售总监老朱就给了他一个"下马威",让他好不难堪。同时私下还有风传,这人早与其他部门打好招呼,不许给老蔡任何支持。

一周后,因与领导发生剧烈冲突,老朱被罢免降职,老蔡才顶上了这个位置。

这个任命算是把他推入火坑，下有"群狼环伺"，无人可用；其他部门还虎视眈眈，趁机找茬儿。怎么办？

退缩——但在入职前，他在老领导以及我们这帮兄弟面前都夸下海口，要做番事业；前进——但这个局面怎么看都无解。

前3个月，在进退维谷之下，他只能自欺欺人，咬牙坚持。结果，熬着熬着，却熬到一个大单。

看上去，这或许是运气使然，但没有"自我欺骗"，他哪有这般信念得以坚持。

现实中，我们常说诚实最好，但不少研究证实：那些善于自欺欺人的人在球类运动和商业中更容易化解危机，获得成功。

1. "自欺欺人"者，减压后更容易成功

之前，阿里巴巴的合伙人彭蕾在官方纪录片《造梦者》中表示：阿里巴巴刚成立时，马云每次回到湖畔花园，都说自己又拒绝了一家VC（风险投资），直到有一天，马云回来说自己已经拒绝了37家VC。"但是答案近些年才揭晓，原来是马云被VC拒绝了37次。"

明明VC都不看好阿里巴巴，马云却自欺欺人地告诉自己和团队，他主动拒绝了很多人。这应该是最典型的自欺欺人的案例。

但是，正因为有这样的自我安慰，马云和他的团队才能保持信心，一路走来，创造了一个又一个奇迹。

假如，马云诚恳地面对现实，每被拒绝一次，回来就把真相告诉大家，我们想想，结果会是如何？

譬如历史上"望梅止渴"的故事告诉我们，自欺欺人并非是一件坏事。

耶鲁大学曾做过一组实验，他们发现，在限定范围内的自欺欺人会带来一些好处，比如自信、满足感，更容易取得他人的信赖等。这些情绪，会对人们的行为做反哺，使其做得更加优秀。

无独有偶，在《超水平发挥：心理素质训练手册》一书中，作者D.C.冈萨雷斯发现，自欺欺人作为一个关键要素，能更好地帮助那些顶尖人士获得成就。

一定限度的自欺欺人，能够帮助人们进入一种"虚假"的成功状态，帮助建立起更加强大的自我信念体系和信心，使得表现更加出众。

电影《黑客帝国》里面说："希望是人类自欺欺人的精髓，它是强大的力量来源。"

自欺欺人并非那么不好，人都是为希望而活，有了希望，就有光明。

2."自欺欺人"者,往往复原力更强

很多研究表明,在长期的挑战中,能坚持和不能坚持的真正原因,不是体力和意志力的强弱,而在于你是乐观还是悲观。

乐观的人在遇到挫折时总在告诉自己:困难都是暂时的,只不过会偶尔发生,但没关系,不影响大局;这次的失败只不过是因为某个特殊原因;这不是我的错误——不是我不行,只不过今天我运气不好。

根据我们的生活经验判断,这样的乐观显然是不符合科学的,是一种自欺欺人,但就是这样的态度才让人持续坚持下去。

我在2014年的时候,开始转型从事互联网销售。实话实说,在此之前,我从未有过相关经验,自卑、怯弱是我当时最真实的写照。

那一年的日子里,我一直挣扎在淘汰边缘,常常自欺欺人的告诉自己:

> 虽然学得比别人慢一些,但我记得更牢固!
> 别人能赚这么多钱,我多努力些,一样可以做到!
> 这次是我运气不好,下次肯定行!
> …………

回过头来看，正是这些虚假的谎言带我攻克了那么多的苦难和折磨，如果重来一次，没有这些自欺欺人，或许我早就放弃了。

有时候，对比我们所处的遭遇，很多我们所期待的未来，的确是一个幻象。但正因为有了幻象，才摆脱了目前光景带来的意志消沉，才能欺骗自己去努力。虽然最终没能达到想要的高度，但也不妨自己在其中获取甚多。

不管如何，与其面对现实中的崩溃局面，还不如自欺欺人，给予自己更强的复原力，不是吗？

3."自欺欺人"，不是万能的

常规限度的自欺欺人固然是自我激励的良药，但超出剂量，忽视现实，不断自我膨胀，或许某一天，后悔都来不及。

所以，调节好自欺欺人的程度，我们需要警惕如下情况：

①忽视现实

任何行动，固然需要希望、勇气、相信未来，但是忽视现实，无异于无根之木、无源之水，不能长久。

英国著名的首相丘吉尔有一句名言："你不面对现实，现实就会面对你。"

做人，既要抬头看路，胸怀希望，也应低头拉车，面对现实，这并不矛盾。

②假装适应

每一个人的适应力和承受度是有限的，不可能长时间超越某个阀值。好比弹簧，适当伸缩没关系，超过某个极限就会崩坏。

有时候，坚持固然是一件好事，但还是要量力而行，切莫假装适应，自我欺骗，最后导致跌入深渊，不可挽回。

③停止脚步

一个人最可怕的不是看不到希望，而是停止脚步。

或许一时间会看不到路，断绝念想；或许自我欺骗会让自己好过，忘却伤痛。但出路和未来永远都在前方，在路上！

这个世界上，成就最高的那批人固然擅长自欺欺人；同样，成就最低的那批人，也擅长自欺欺人。

刃有双面，可以克敌制胜，也会伤害自己！

精彩的人生，需要断舍离

每个人都想要得到更多的东西。

有一件漂亮衣服时，我们就想要拥有鞋子、包包来搭配它；有一个人疼爱自己时，则想要更多人的疼爱；获得一件珍宝，恨不得猎取全世界的珍宝……

在得到的过程中，我们总觉得自己满心欢喜，收获满满。但人生的"容量"不是无限的，我们是否有想过：得到的同时，失去的却更多？

1. 你的人生还有多少容量？

假使我们每一个人都是一台电脑，CPU 代表我们的精力，存储空间代表我们的时间。

试问自己：自己这台"电脑"在每日运作中，我们是否在优先处理最重要的事情，还是将大量性能耗费在杂事上？每一天的存储空间，是否装载了有价值的内容，还是零散碎片的"垃圾"?

我们尽力得到更多的东西,但人生还有多少容量呢?

《心流:最优体验心理学》一书中指出:人的注意力,理论容量只有126比特/秒,即一个人在同一时刻只能处理7个单位的信息,而注意力切换的最小间隔是1/18秒。简单来说,即一个人活70岁,按每天清醒状态16小时计算,人一生处理的信息总量是185G。

这意味着,大多数人,无论聪明、愚蠢,所能承载的极限知识也不过185G罢了。倘若一个人的大脑里,装满了无价值的或者无效的杂事,那么任凭他多么聪明,所能取得的成就都会非常有限,因为人生容积已没有冗余。

因此,比起聪明才智,成就不凡人生的关键,不仅是得到,更重要的其实是断舍离。

2. 好的人生,需要断舍离

佛家有种说法叫:戒定慧。意思很简单,当你舍弃了很多东西,你简单了,就能定下来。

我自己从2015年开始转型做SaaS[1]销售,那时,公司牛人

---

1. 软件即服务,通过网络提供软件服务。

辈出：有人是红心美凯龙前销售总监；有人曾是资产千万的老板；还有人从名校毕业，才学过人……

而我，资质愚钝，背诵公司的产品话术，都需要好几天。

那时，我的老婆常常取笑我："你的学习能力太差了，这个东西，我看几遍就记住了，你都这么多天了，怎么还是记不住。"我默然无语，只是埋头更加努力。

那时，有人通过之前的资源开发了不少客户；有人找到捷径，获取了大批客户资料；有人早早就有所斩获，成为明星员工。

唯有我，用最愚钝的方式，日复一日地努力。

6个月过去了，我却后来居上，业绩稳定在上游。就在那段时间里，那些"聪明人"几乎一半都被淘汰。

不是因为我有所顿悟，而是我懂得断舍离，懂得保持专注。

了解果树种植的人，都应该知道这么一件事：在果树的生长环境里，果农会故意砍掉一些树枝，使得果子的生长更好。这样做的原因很简单，如果不给果树修枝剪叶，最后结果往往是树茂果不茂——果树营养都给了枝叶，果子没了营养，怎么会有好收成呢？

人亦如此，保持断舍离，把自己做不好、不擅长、不重要的事情砍掉，你才能在最重要的事情上获得好的结果。

3. 断什么，舍什么，离什么？

如何断舍离呢，有3点不得不知。

①断杂念

比起物理上的断舍离，心灵上更重要。

很多人，学习的时候想着游戏，游戏的时候又想着学习；工作的时候想着放松，放松的时候又惦念工作。对什么都心心念念，把什么都塞在脑海里，杂念多，心定不下来，如何能产生价值？

做人做事，都要提前规划好，衡量利弊，顺应本心过好当前，如此才不会反复纠结，被多余的念头所扰。

②舍小利

大部分人容易被眼前的利益所诱惑，然后放弃长远的坚持。但是，摆到面前的真有这么好吗？不一定，只是它看上去获取得太容易、太简单罢了。

最重要的是不要忘了初心：你想要的远大前程是什么？你的目的地在哪里？别被路边花草所阻，忘了自己将要去向何方。

③离诱惑

诱惑无处不在，但面对诱惑，我们要做到克制。

我在前段时间特别喜爱一款游戏，不知不觉就可以玩上好几个小时，还觉得时间不经用。之后狠下心卸载，然后偶尔玩10~30分钟棋牌游戏解闷，感觉也并不那么难以舍弃。

很多时候，我们觉得很多东西特别有吸引力，那只是因为离它太近，你将它扔到一边过一段时间再看，很快便淡忘了，然后就能恢复平常。

我们都不是圣人，尽可能远离诱惑，才能更加专注。

老子曾说："为学日益，为道日损，损之又损，以至于无为，无为而无不为。"

想要人生取得不凡成就，就必须学会给人生断舍离。你的时间有限，知识容积有限，别浪费有限的空间。

拥有 3 个重要习惯，足以改变一生

哲学观念里有一个词叫"必然性"，意思是指事物发展、变化中，有些事情必然会出现。

比如：

一直锻炼，你的身体肯定会越来越好；
一直看书，肯定能积累很多知识；
一直抱怨，身边的人肯定会越来越讨厌你；
……

从结果往前推，往往很容易发现，大多数事情都有它的必然性，是一个日渐积累的过程。

那么问题来了：一个人怎样才能混得好？怎样努力才能导致这个必然结果呢？

1. 习惯学习

很多人在大学毕业后就不再学习了。最多是工作需要，象征性地学点东西。

在他们看来：

学习有什么用？知道这么多道理，不是依旧过不好这一生吗？

读了这么多书又如何？现在大学生工资还没搬砖高呢，学习有什么用？

学习这么辛苦，还占用娱乐的时间，也看不到成效，为什么要学习？

多年前，我也这么想的，但如今来看，根本不是如此。

混一天的人和努力一天的人，二者看不出任何差别；3天之后也看不出来两人的任何变化；就算过了7天，也看不到二者之间的差距。但是，一个月后，就会发现两人的话题不同；3个月后，两人的气场也有所不同；半年后，两人的差距就会逐渐拉大；1~3年后，会看到二者的人生道路已经彻底不同！

习惯学习是什么？

譬如一个人坚持每天做总结，至少写1000字，一年下来他至少能够写30多万字，总结数百个问题和心得。他的逻辑思维能力、解决问题的能力都能得到有效的训练,这时你想立马赶上他,几乎无法做到。

而且在这个过程里,他会逐步收获更优质的社会资源和公司资源,最后会把"间歇性踌躇满志,持续性混吃等死"的人,甩得很远。

这还仅仅只是工作总结这一个方面,如果计算听课、学习技能等方方面面,习惯学习的人和不学习的人,二者的结果差异是巨大的。

2. 高质量,高要求

总有人会告诉我们:不着急,顺其自然,以后就能做到了。这话一点道理都没有!因为一个人想要越混越好,一定要对自己、对做的事情,保持高质量、高要求。

举个例子,2015年的时候,我带过好几位下属。5年过去了,如今来看,最优秀的并不是当时那个学习能力最强的人,而是那个对自己要求最高的人。

撒切尔夫人曾说过:

注意你的行为,因为它能变成你的习惯;注意你的习惯,因为它能塑造你的性格;注意你的性格,因为它能决定你的命运。

但现实中很多人觉得，差不多就行了，差不多就好了，做人，何必那么累？正因为这样的态度习惯，你的性格就会潜移默化的改变，直到被优秀的人狠狠甩下。

人的成长是什么？是一步步在挑战和困难中塑造自己的韧性和毅力，直到形成一个良性循环。如果你以最普通的标准日复一日地对待自己，却幻想自己有个优秀的未来，没有比这再扯的事情了！

你想变得更优秀，就必须逼自己一把。

3．保持空杯心态，不被过去绑架

一个人最大的软肋，不是他失败的地方，而是他最成功的经验。

陈春花老师对此就曾提到过一个观念："你的经验不重要，经验是陷阱。"其实是说，在成长过程中，我们往往容易受到历史绳结的束缚，拒绝接受新事物、新观念，最后停止成长。

在大多数情况下，一个人进步最慢的时候，是享受过往、不接触新事物的时候，而那恰恰是最危险的时候。

2015年那会儿，我特别傲慢，觉得自己很厉害。因为在那个阶段，我所在的公司是行业内融资最多的公司，业绩总和等于业绩第二名和第五名对手的总和。就算在圈子外，很多人都觉得这家公司的销售太牛了。

然而，离职后的现实情况给了我一记重锤：我突然发现过往的那些经验都失灵了，市场变了，时代变了，老东家也沉沦了。

后来，这些现实的挫折，让我渐渐明白刘慈欣的那句话："弱小和无知不是生存的障碍，傲慢才是。"

现实真是这样，任何事物都没有绝对的优势。要清楚，今天的优势总会被明天的趋势所替代，所以要时刻空杯，快速迭代。

而且这种趋势会越来越明显，在《哈佛商业评论》的一篇文章中就提到：

未来职场中，职业技能的平均"保质期"只有短短5年，"学生时代习得的职业技能，在还清助学贷款前就过时了"。

所以，要想不被淘汰，就不能享受舒适的状态，要时刻空杯，永远不满足当下的知识存量。

如今，5年过去，我学会了很多新的东西，学会了文案写作、视频剪辑、内容营销、培训管理。从销售到销售管理，到运营管理，我的职业生涯完成了巨大的跨越，直到如今已经成了一家企业的COO。

锤子手机公司曾出过这样一篇文案：

我们看到太阳发出的光需要8分钟；

看到海王星反射出的光需要4个小时；

看到银河系边缘的光至少需要2.4万年；

看到宇宙中距离我们最远的那颗星星发出的光需要139亿年；

所有的光芒，都需要时间才能被看到。

太多的东西需要时间去验证，哪怕是秒速30万公里的光。

在成长过程里，每个人都会陷入"成长焦虑"的困境，会认为当下的努力没意义，看不到希望。但事实并不是这个样子的，如果你确定你走在正确的路上，未来肯定会有好结果，只是需要时间去验证。

那些必然的事情总会出现的，只要你习惯学习，对自己高质量、高要求，然后不断空杯，快速迭代，最后一定会越混越好。

第3章

掌控情绪篇

↻ 一句"凭什么",让你越混越差

朋友公司最近人事变动,提拔了一大批人,唯独没有他。在聚会的时候,他喋喋不休地向我抱怨了半天:

"某某某才加入公司半年,凭什么是他?"

"某某的业绩还没我好,凭什么?"

"我努力这么久,成果也不比这些人差,凭什么升职总轮不到我?"

我能够理解他的心情,因为我曾经亦如此,在毕业的前几年,总是抱怨公司的不公:

"凭什么他被评为优秀员工?"

"凭什么他比我拿更高的工资?"

"凭什么这个项目交给他?"

"凭什么……"

然而，抱怨了许久，我这匹"千里马"也没等到"伯乐"出现，总觉自己郁郁不得志，"未得明主"。

但情况真是如此吗？之后我才明了，越是强调"凭什么"，越是找不到出路。

1. 他人优秀的东西太多，只是我们视而不见

之前收到过这样一个问题：职场中，领导为什么总喜欢那些没有能力却很会搞关系的人？

乍听上去有人可能会觉得："对啊！现实就是这样的，真不公平，凭什么？"

凭什么呢？有句话是这么说的："运气本身也是一种实力。"——连运气都算实力了，为什么会搞关系不能算呢？要知道一个企业最核心的问题，永远不是资源，也不是商业模式，更不是好的想法，而是人本身。

人只顾捞钱，企业有再多的资源也做不起来；员工只顾内斗，再好的商业模式都是空话；错误的人进行错误的指挥，再厉害的产品一样不会有好结果！因此，懂得协调关系，团结和发挥人的作用，就是一种能力。

我曾经的一位同事，入职一年即从一线员工做到副总的位置，其中的质疑、不屑，太多了。

有人说："这人销售能力太差了，产品都讲不清楚，凭

什么是她？""她的客户没多少是自己搞定的人，都靠的其他人。""没见她做出过什么特别牛的事情，凭什么？"

凭什么？

公司要举办活动，她能通过一个电话，就算隔着万水千山，客户也愿意为她"打飞的"过来支持；别人资源匮乏到不知道哪里去找，她的客户主动推荐的朋友多到公司没有人有时间拜访；在团队管理上，她的确不能给出专业的建议，但能让成员无后顾之忧，及时排解心理问题……

这些能力的总和，比我们常规上认为的"专业能力"重要多了。只是很多时候，我们沉浸在"凭什么"的世界里，关注的是别人的缺陷和不足，从否定他人的角度去考虑和批判。于是，越是想"凭什么"，越是容易产生偏激的想法，甚至胡乱猜测，活脱脱地把别人看成了一个"loser"。

扪心自问，那些看似的不合理，真不合理吗？

2. 没有这么多的不合理

在黑格尔的《法哲学原理》中，有句话为："凡合乎理性的东西都是现实的，凡现实的东西都是合乎理性的。"即所谓的"存在即合理"。这句话的意思更多的是以"事出有因"的角度，去看待存在的事物。

现实也是如此。哪里有那么多的不合理呢？我们只是被自我的局限性迷惑，往往只能看到也只会看到冰山上的那点小事，可我们不知冰山下的世界才存在着真正影响我们生活的因素。

我最初工作了大半年，都不知道有客户资源这件事。直到一次邀约，竟然发现同事联系的客户，全部注册过公司产品。在那时我才意识到，原来每个团队或多或少有些资源，只是从未给到过我。

这公平吗？似乎特别不公平。凭什么呢？公司把资源给到团队，领导不就应该雨露均沾地给到每一个人吗？

当时，我时常这么想，在私下也没少抱怨。然而，当我走上管理岗之后，我才发现这挺公平的：

公司会"公平"地把最好、最多的资源，给到最好的团队；领导会"公平"地把最好、最多的资源给到销售冠军。同理，我们自己也会"公平"地把最多的精力，给到最优质的客户。

这样哪有什么不公平呢？试想，谁会把最好的东西，给到并不优质的人或者团队？

只看到自身公平的人，永远触碰不到真正的公平。世界从来不是为哪一个人服务的，公平也不是以任何一个人为参照物。

什么是公平？你和别人竞争时，能说"身体不好，精神状态不好，发挥不好，需要重新来过"吗？对方只会说一个字："滚。"

3. 不是因为公平才努力，而是有了努力才公平

人生从来不平等，公平不是别人给的，而是自己挣的。

我曾工作过的一家公司里有这样一个人。

他天天都抱怨公司这个不好，那个不透明，下面的人完全没有出头的机会。一年后，公司确定了晋升规则和制度，之前做得不错的人，都上去了。他觉得机会来了，挣扎了几次，但业绩还是那样，无法满足公司要求。过了几个月，他觉得无望，故态复萌，又开始抱怨起来。

这是不公平造成的吗？本质上他连把握机会的能力都没有。

这个世界，总有不少人想着绝对公平，想等到绝对公平才去努力，但哪有绝对的公平？退一万步说，就算绝对的公平来了，没有通过努力沉淀下来的能力，这个公平也与踟蹰不前的人无关！

因此，在职场上，我们要学会转变思维：少问别人凭什么，多问自己为什么。

世间没有这么多的"凭什么"，就算有，归根结底也是"凭你不够优秀"。

不要抱怨生活这里不公平，那里不公平，记住了，没有能力时，生活压根不知道你是谁。

你的脾气，决定你的能力

《山月记》的作者中岛敦曾说："世上每个人都是驯兽师，而那匹猛兽，就是每人各自的性情。"对于大多数人而言，走向成功要做的第一要务就是控制性情，压抑脾气。

原因很简单，因为一个人的脾气决定了个人的职业素养；而职业素养的好坏，又决定了我们的人生。职场上能走多远，其实一早已经刻在了我们的脾气里。

1. 不懂包容的人，能力再强也难走远

"包容"一词最早出自《汉书·五行志下》，"上不宽大包容臣下，则不能居圣位。"意思很简单，就是皇上若不能宽大为怀，包容臣子的一些小错误或冒犯的言行，那么就不能在皇上这个位子上待很久。

放在现今来看，这个道理也是非常适用：一个领导，倘若严厉苛责，凡事斤斤计较，如何能赢得下属爱戴呢？

我曾待过的一家公司，有位明星员工在一线时业绩卓越，收获的好评不断，很快就被提拔为主管。然而，升职以后，对待曾经团队里的兄弟姐妹，他却苛责刻薄，稍有错误，便言语相加。

记得一次培训，我负责给他们团队传达总部培训计划，当时他并未在工位上，便请求一位下属代为传达。没料到，过了一会就听到他们那边传来呵斥声，我循着声音过去，发现原来是他在斥责代我传话的那位同事。

原因可笑至极，不过是计划时间和他之前所知道的不一致，他觉得下属工作马虎，然而现实是，的确发生了变动。

再后来发生了不少这类情况，他总仗着自己领导身份乱发脾气，下属气不过就联合起来，将其"拖下了马"。诚然，他能力确实不错。但在职场上，越往上，越需要强大的包容心，否则任由自己的脾气肆虐，最后团队肯定会分崩离析。

在工作中，谁都免不了犯错，总盯着小毛病不放的人，格局已经在此，如何才能走远？任凭你一身"武艺"，但你苛责别人，别人也会苛责你。如果不加收敛，你越向上走，得到的苛责越多，你得有多牛，才能扛得住？

2. 你懂得尊重，别人才对你尊重

著名管理学大师卡耐基曾说："做人做事，要对别人的意见表示尊重,千万别说'你错了'。"

职场上有很多人喜欢把口无遮拦当作耿直,岂不知你所谓的耿直,是对别人最大的不尊重!

在我担任主管时,喜欢"直言不讳",常常在会议中不留情面地指出他人的不是,那时我觉得没有什么问题。朋友私下劝我:"你以后委婉些,不要这样了,将心比心,换做是你,你是什么感受?"

当时我没听进去,依旧固执己见。直到一次会议上我提出的一个建议犯了一个错误,大家也同样"直言不讳"指出我的问题,我才明了这种感受的难堪。

这世间哪有绝对正确的事情,别人提出的意见再不好,肯定也有可取之处。学会肯定别人,适当地补充观点,给他人留面子,同样也是给自己多留些机会。

在那之后,我给不少人一一道歉,还请大家吃了顿饭。在我离职后去了新公司,这些老朋友或多或少都给了我不少帮助。

人,只有尊重别人,别人才会给你尊重。尊重是什么?尊重是一种至高的修养。任何人不可能尽善尽美,完美无缺,我们没有理由以高山仰止的目光去审视别人,也没有资格用不屑一顾的神情去嘲笑他人。

假如别人在某些方面不如自己,我们不要用傲慢和不敬的话去伤害别人的自尊;假如自己在某些方面不如别人,我们也不必自卑或嫉妒，对自己和他人都抱持应有的尊重，如此才是做人最好的典范。

3. 你让别人舒服，别人才会让你舒服

每个人都希望自己过得舒服，但却忽视让别人舒服。从现实来讲，让别人不舒服的人，自己肯定也会不舒服。

罗振宇在节目《奇葩说》中曾提到"发行社交货币"这个理论：如果你希望他人对你好，你首先要先学会情感投资。其实舒服也是如此：一个让别人不舒服的人，想要自己舒服，无疑是天方夜谭。

我曾向一位做猎头顾问的朋友咨询过一个问题：那些年薪百万的营销"大牛"，都有什么特质？朋友的回答让我感到惊奇，他说："不管聊什么，这些人都让你感觉舒服。"我仔细想想，好像是这个道理。

从事销售以来，我接触的行业里最顶级的那一撮人，他们似乎都有一种神奇的魔力——让人感到舒服。与他们不管谈论什么，你都能感受到愉悦和舒适，还有对方发自内心的尊重。

我们公司在北京有位合作伙伴，表面上看着平平常常，一点都不起眼，但她在行业里，可谓人脉宽广。我一直好奇这其中原因，在一次同行拜访之后，我总算明了。

当天抵达北京后，她就带着我们吃了地方最正宗的烤鸭，

晚饭后又领着大伙去了一个不错的地方，眺望北京风景。结束以后，大家准备打车回各自的酒店，没料她早做安排，包了一辆车，——送我们去向各自的酒店。

在路途中，听到我们说还没去过天安门，她又安排司机故意绕了一圈，让我们看一看。在靠近天安门广场的时候，见我们几个人在拍照，我看见她悄悄地和司机说了句："师傅，麻烦开慢点，让他们拍几张照。"

顿时，我心里觉得暖暖的。

抛开具体能力不说，这样让人舒服的人，谁又会让她不舒服？

有句话这样说："性格决定命运。"的确，能力、经验在职场里固然重要，但缺乏了优良的品性，在强调团队协作的职场里，任凭有天大的本领，最后一定是举步维艰，步步惊心。

所以，我们每一个人别让自己的脾气毁了自己的职业发展。你什么脾气，你的职业生涯就面临什么命运。

你的安全感,正在悄悄地毁掉你

在婴童时期,我们会因为缺乏安全感,而呱呱大哭。幼年时,又会因为无人陪伴,而不停地哭闹。到了成年,会因为害怕,不敢离职;因为害怕失败,不敢尝试;因为害怕被拒绝,不敢行动……

安全是一个好的事情,意味着没有风险、内心安定,足够的安全感可能让我们身心愉悦,情绪高涨。

但太过于追求安全感,则是一件非常可怕的事情,小心它悄无声息地毁掉你自己。

1. 过度的安全感正在毁掉你,且悄无声息

很多时候,安全感是一种很可怕的感觉。它会用一个看不见的牢房囚禁它的奴隶们,然后用恐惧做墙,用痛苦做水泥,直到你完全没有力气离开它,和它融为一体。

很多有潜质的人,都毁于这一点。

我的朋友老刘,大学成绩一直不错,深受辅导员和老师的

喜爱。毕业后，我和他都进入一家油田公司，成了一名"劳务派遣工"。

刚开始时，我们觉得这工作太舒服了，一个月真正干活的时间就 1~2 周，压力不大，收入还行。但时间久了，我们发现一个现实，作为"劳务派遣"是没有前途而言的，那些年长我们数十岁的老员工就是最真实的现状。后来，我们有骂过制度的不公，有吐槽过现实的遭遇，还谈到"跳出来"这件事。

但唯一不同的是，后来我鼓起勇气，扔掉一切，对抗家庭，选择了离开；他却摇摆不定，始终下不了决定。

在我临走前的那天，他对我说："我有些惶恐和害怕，等攒些钱了再说，兄弟你好好在外面干，到时候我出来了，你给我引路！"

一晃好几年过去了，他始终没有离开，我再见他时，却感觉他老了好多，神色黯然。那天他和我谈了很多，最后用《肖申克的救赎》中的那句话表明了心情："这些墙挺有意思，一开始你抵触它，然后你习惯它，最后你不得不依赖它，这就是体制化。"

我想，他大抵再也离不开那里了。

虽然这并非极糟糕的一件事情，至少他还有工作，至少日子还能向前。但我却想到了前些年唐山收费站被撤裁的那个视频，30 多岁的下岗员工跟领导抗议："我们把青春都耗在这儿了""除了收费,我们啥也不会"。

若干年之后,是否他也会不幸遭遇同样的窘迫?

或许会发生,或许不会,但我可以肯定的是,前些年他如果鼓起勇气,肯定要比我做得好得多,也会比他现在好很多。

放在整个社会环境来看,我见过太多的人都是如此:

- 除非我已经找好了另一份工作,不然我是不会离开现在的公司的。
- 嫁错人总比不嫁人好。
- 已然熟悉的痛苦总强过未知的痛苦。
- 事情看起来对我有利,但真正行动起来就太冒险了。
- 我投这家公司简历肯定被拒绝,还是免受打击吧。
- 这么多人都在竞争,我上去了多半惹人笑话。

……

说这些话的很多人原本有能力有才华,配得上更好的生活,但都在内心的牢笼里,悄无声息地被同化,失掉了未来。

可惜!

2. 成长后才发现,世间从不存在真正的安全

2016 年曾上映过一部电影《房间》,主演丽布·拉尔森还

凭借此片荣膺奥斯卡影后。

电影讲述了一个女孩遭邻居所骗，被囚禁在一个上了电子密码锁的小房间里7年，并在被囚禁的第二年怀孕，生下了一个男孩……男孩在那个狭窄的房间里生长了5年，他认为这个"房间"就是整个世界，他熟悉"房间"的角角落落，对他来说，"房间"最安全。

男孩5岁生日刚过没多久，母亲就开始告诉男孩，在这个"房间"之外，有一个更大的世界，电视里边播放的东西都是真实存在的。男孩一开始完全无法相信，说母亲是骗子，过了很久才慢慢认可。

后来母亲告诉男孩一个计划，要想办法离开这里，结果男孩听说自己要离开"房间"，觉得这太害怕了，哭着恳求母亲，说自己还太小了，等他长大之后再离开。后来母亲的计划成功了，获救的隔天，躺在医院敞亮病房里的男孩瑟瑟发抖，询问母亲什么时候才能回到"房间"……

从局外人来看，"房间"是囚禁之所，男孩和母亲身处其中，生杀予夺完全听凭老尼克的心情，哪里有一点安全可言？但局内人的男孩，却认为那10平方米不到的房间是最安全的地方！

这种思想像极了我们太多人，我们总认为，当下的环境、当下的选择是最好的，当下做的事情是最安全的，最没有风险。——但现实何尝不是一个10平方米不到的屈辱房间。

我们不过是找了个笼子把自己困了起来,在这个笼子里安于现状!安全吗?其实根本不是。

在这个"笼子"待得越久,反倒越不安全,直到有一天,我们会连带着失去生存的能力。

就在几年前,江苏常州淹城野生动物世界上演了一场精彩的"牛虎大战"。为了让失去野外生存能力的百兽之王重现虎威,工作人员将一头一岁左右的牛犊放入虎区。起初,这只名叫"唐龙"的15岁白虎,见到牛犊后勇猛地冲了上去,撕咬并试图扑倒牛犊。没想到,真是应验了那句"初生牛犊不畏虎",勇敢的小牛犊奋起抵抗,用牛角狠狠地顶撞老虎。

从未见过这阵势的"唐龙"被这头猛兽的追击乱了阵脚,开始在园内四处躲藏。为防止老虎被牛犊所伤,工作人员只能将老虎引入圈内。十几分钟的较量,以老虎的失败而告终结。

老虎尚且如此,何况于人。而且人不同于老虎,老虎能在动物园饲养下过一辈子,人能依靠谁呢?

3. 最大的安全,是接受人生的不安全性

每个人都不得不接受人生的无常,因此,最大的安全是接受人生的不安全性,然后在这样的认知之下,让自己具备更强大的力量。

我之前写过一个观点,提到做普通人其实是一件风险极高

的事情，因为越是过度追求所谓的平凡和安全，越是不安全。

要知道，每个人的一生都差不多，要经历的挫折痛苦也都差不多。生活不会因为你的选择，特意给你降低难度，反倒会因为你的普通，压到你喘不过气来。

2014年我来上海时，遇见的伙伴都有不同的经历，就极好地验证了这件事。大师兄涛哥是公司的元老，从东莞到上海，一直跟随老板和公司，立下汗马功劳。然而遗憾的是，一番忠诚，并未换来任何改变，入职8年，他的收入都没有超过5000元。

我曾与他谈心，问他为何不离开。他说之前离开过半个月，去做其他产品销售，感觉太难了，最后还是回来了。现在年纪越大，越发不敢了，还是这里安全。

然而，他微薄的收入要肩负起孩子的抚养，还有他自己的生存，在上海这个城市，5000元太难、太难了。

后来，我离开后，曾几次邀请他出来，帮他推荐工作，他都没什么反馈，回头思量，我想可能他也很难离开。心魔在此，没有解药，只能在夹缝里，面对生活的苦。

二师兄和哥也是公司最早的一批员工，大学专业是软件开发，在公司做的却是采购。收入与涛哥还有我相当，也不是很受老板待见，时常挨骂。然而，有天他突然要说自己离开，拾起软件开发的工作，当时在我们看来，他的技能都荒废好久了，着实非常冒险。

出去以后，他在几年内换了几家公司，受了不少挫折。但他适应环境的不确定性后，生活走上了正轨。这几年听说他在苏州买房，安家落户下来。

而我，在离开的时候同样觉得非常惶恐，同样不知道何去何从，但我有一点非常明确，再留在这个所谓"安全"的壳里，就再也不会有未来。

在做出那个决定之后，受到过很多人的诘问，还被老板无情的打击羞辱，现实却是，离开以后，接受现实的无常，我却活得越来越好。

其实不就是如此吗？如果远古时期的人类，始终蜷缩在山洞，东躲西藏，不直面大自然的不确定性，不了解自然，不去利用自然规律，如今哪来人类文明的辉煌和个体的安定？

最大的安全是什么？就是接受人生的不安全性，去武装自己，不停止脚步。

关于安全感，作家张小娴写过一段话，我觉得可以做个最后的诠释："安全感终归来自你自己，只有自己的知识、智慧和梦想是别人拿不走的。"

外物的安全，总是起起伏伏波折不定，没有所谓的绝对安全。沉溺于自己打造的"安全屋"，不过是像电影里那个"房间"中的男孩一样，倘若不改变，迟早一天，灾难会悄无声息地降临。

从没有所谓的命该如此,只有活该如此

之前电影《哪吒之魔童降世》的累计票房成为国产动画电影票房的冠军。其实,与这部电影的主题一致,它在现实里同样创造了一个逆天改命的故事——一个不被看好的题材,一个不被看好的团队,完成了属于他们的人生逆袭。

戏里戏外,都清晰地表达了一个真相:这世间,从没有所谓的命该如此,只有活该如此!

1. 你是谁,只有你自己说了算

在这部电影里,申公豹说:"人心中的成见是一座大山,任你怎么努力都休想搬动"。诚然,人心从来如此,世俗的眼光、偏见,把我们每个人都划分得明明白白:

出身是个"泥腿子",就不能做文化人。

学历不高,就要接受职场里低人一等的观念。

你若是穷,就不要折腾,好好做个"人下人"。

然而这些年的人生经历,让我明白,人生从来不是这样——你是谁,别人说什么都不算,只有你自己才能决定,你能成为什么样的人!

①没有高学历,就该认命吗?

2012年,我大专毕业,接受父母安排,进入中石化成了一名"劳务派遣工",开始背朝黄土,面朝天的生涯。荒野、风沙成了我的至交好友;时好时坏的网络,成了我唯一的人生慰藉。在浪费了一年的人生时光后,我决定离开。

原因来自两个方面:一方面,所有人都告诉我:"你学历不高,就该认命,待在这儿不错了。"另一方面,我不是一个认命的人,我不想把我大好的青春浪费在这样的地方,还没前途。

在决定离开以后,我把这个想法告诉了父母,随后收到了来自各方亲朋的规劝。有人说:"这里挺好的,你要技术没技术,要学历没学历,出去要饿死。"有人说:"你别嫌弃这个工作,多少人想做还进不来。"……各方观点告诉我,我就是一个"蠢货",该接受这样的"命运"。

然而,我还是选择了离开。

这个命,我不认!

②没有经验，注定做不好？

离开以后，依旧是诸多争吵和矛盾。怀揣逃离和重新开始的念头，我前往上海开始"沪飘"生涯。

现实不像故事里写的那样，你下定某个决心，事情就开始往好的方向发展。来上海的第一年，我过得很艰辛。仓库管理、采购、销售，这些活儿我都干过，收入接近上海的最低工资，缴完房租，连吃饭都是问题。

次年来的时候，我深感环境和行业的不适，我的天赋并不在于工业，于是开始踏足互联网，成为一名软件销售。

入职的第一周，由于我表现欠缺，加上没有相关经验，很多人对我的评价很差，认为我撑不过培训期。在第二周的时候，甚至有同事打赌，我肯定出不了业绩，会被劝退。那个提出赌约的人，能力特别厉害，之前在上市公司做销售总监，是总经理高薪挖来的。

1个月后，他积累了很多"大客户"，一堆人跟着他做服务；而我苦哈哈地每天加班到凌晨，周末无休。到第四个月的时候，我签下了一些订单，顺利转正，其中一个月的业绩还在全公司前20%；而他折腾了许久却颗粒无收，最后主动离职！

③现在没有未来，就永远没有未来？

一年以后，我的收入变化不大，依旧很辛苦。从早上6点到晚上12点都在加班加点地工作,周末也常常来公司主动加班;好几次重要的节日,和女友约好的旅行,最后都因为压力而放弃。

那时,没少人劝我,你这么辛苦,这么努力,工资也就这样,不如回去算了——你就不是这块料,这样哪里有什么未来?

2年后,我受邀成为一家企业业务拓展经理,薪资增长了3倍;3年后,我成了一家企业销售负责人,薪资相比最初增长6倍,在这家企业从0到1组建了销售团队、客户成功团队,最后还兼任运营负责人;5年后,我成了一家不错的企业的COO,同时负责销售和运营管理;现在,通过业余写作,月收入都能上万元!

诚如常识,就算那些约定俗成的东西都是对的,但这个世界或明或暗的常识把人们扔进了各种各样的秤盘里面,掂量着每个人的重量和未来——可我们自己应该知道,这样的秤盘秤不出那些闪闪发亮的心……

你是谁,别人说得再对都不算,只有你自己能决定你未来是什么人!

2. 出身平庸,那又如何

电影中太乙真人说:"如果你问我,人能否改变自己的命运,我也不晓得,但是不认命,就是哪吒的命。"很多人常说的一句话就是"寒门难出贵子",这话一点没错,因为对于出身平庸的人来说,想要改变命运太难了!

大多数人不仅要和原生家庭做斗争,还得在较差的教育环境下,付出超常的努力;就算最后能考上一个不错的大学,命运就改变了吗?依旧没有,没关系、没背景、没资源,最后也只能在社会里痛苦挣扎!

有网友这么说道:"良好的教育是需要大量金钱的,胎教要钱,早教班要钱,各种兴趣班要钱。我亲戚家的孩子才5岁,他家里在教育上的花费已经投入6位数了,让孩子学了钢琴、芭蕾、绘画、英语等。如今小升初考试比拼的不是学科成绩,而是奥数和英语。这两门就得家长去砸钱上培训班。"

没钱、没资源,你怎么赢?

英国有一部纪录片叫作《人生七年》,做了这样一个追踪。

片中访问了12个来自不同阶层的7岁的小孩,每7年再回去重新访问这些小孩,看看他们的变化。到这些孩子长大以后,大家发现,富人的孩子还是富人,穷人的孩子还是穷人。

出身平庸的人,好像每个人的结局早已注定,任凭挣扎,都无力对当下做出改变。但凡事总有例外,里面有一个叫尼克的贫穷的小孩,他到最后通过自己的奋斗变成了一名大学教授。

概率高吗?不高!但这又如何呢?人生注定只有两条路可以走:一条是十死无生,一条是九死一生。

那为何不如同哪吒一样，倾尽全力，粉身碎骨，争那一线生机？

3. 若命运不公，就和它斗到底

生而孤独，从不认命；逆天而行，斗到底！

来沪这些年，我认识了许许多多的人，有智慧的、胆怯的、勇敢的、仁慈的。听不少人说，很多事情早已命中注定，不能强求——我嘴里所谓的改变自己的命运，其实也是早已注定的命。

或许，这话不假，就好比我常回想起几年前的经历，如果命运给我开个玩笑，未来的一切都不会发生，可能如今我依旧在苦苦挣扎；人生的一切，似乎冥冥之中都有定数，行或者不行，都暗藏概率——倘若老天要"玩弄"你，即便你做好了10000个准备，也会有10001个意外发生。

那又有什么关系？只要还有时间，就还有机会，有机会就能改变命运！

什么是命运？命运是在茹毛饮血的年代，人类注定被野兽屠杀，被天灾肆虐，注定在食物链里，充当不值一提的角色。然而千百年过去了，作为爪子不锋利、奔跑不迅速、体型也不庞大的生物，我们却高居食物链的顶端，超越了很多物种。

弱者依赖命运；勇者创造命运；庸者静观命运；智者改变

命运。命运不是等待,而是把握;命运不是天意,而是人为——就算有那虚无缥缈的东西,倘若它不公,就和它斗到底!

小说《五行天》中有这样一段话:

这三年,我被很多东西困住,过得不开心,老觉得命运"弄"人。有很多我不喜欢的东西,却又觉得自己应该背负,是命该如此。现在我想明白了,争不过的才叫命该如此,不去争的叫活该如此。

人生从来如此,从来就没有什么救世主,也不靠神仙皇帝,要创造自己的幸福,全靠我们自己!

阶层跃迁的本质,在于战胜恐惧

最近几年我都会思考逆袭这件事,直到今天,突然想到更靠谱的答案,就想迫不及待地分享给大家。

我发现,逆袭的关键可能不是认知,也不是成长,更不是合适的环境。

逆袭者之所以能够逆袭,完成阶层跃迁,本质在于战胜恐惧;而大众不能逆袭,被困守于原地,一直在底层徘徊,一切也都源于恐惧。

1. 恐惧是一个人的阶层边界

梁宁老师曾说过这么一句话:"恐惧是边界,它会困住一个人的手脚。"

我特别认可这句话,延伸来看,恐惧不仅仅是一个人的性格边界,同样也是一个人的阶层边界,那些因恐惧感"爆棚",困守于底层的人,不管怎么在恐惧内努力,都无法完成逆袭。

去年底,我的一位表弟向我咨询,他手头上有个机会,不知道是否该选择。

整体听完,我能感受到他的倾向是不去,原因有三:①他不想放弃现在所拥有的;②他不知道自己是否能够胜任;③他害怕再一次失败。

但是以实际分析来看,他现在所拥有的什么都不算,到处都能找到相同的工作;这个机会,不管他能不能胜任,都是他近几年出现的最好的机会。

答案明明很简单——事成了就一飞冲天,失败了就回归现状。这很难选择吗?

为什么如此简单,他还会纠结呢?因为恐惧。被恐惧束缚的人,就算机会摆在面前,他都会视而不见。

俞敏洪曾说过一句话:"当你失去了勇气的时候,这个世界上所有的门都被关上了。"但实际看来,远不止如此。当我们做了恐惧的囚徒,不仅门会被关上,连窗户都会被锁死。

2. 实现人生逆袭的方式,本质在于战胜恐惧

人人都想逆袭,弱小的想要变强大,贫穷的想要变富有,但为什么逆袭者总是少数?因为战胜恐惧太难了。

环境优越的人,倒在了害怕失去中;认知水平高的人,倒在了害怕行动里;那些看似不断成长的人,也不过在瓶颈里打

转罢了。——只要无法战胜现阶段的恐惧,无论怎么做,都是缘木求鱼。

我刚毕业那会儿,什么都怕,什么都做不成。

考驾照时,我在路上练车,紧紧握着方向盘,不敢加速,背后还直冒冷汗。教练在旁边干着急,常常吼我:"你加速啊,我就坐在你旁边,你怕什么?"

工作中也是如此,我总是小心翼翼,害怕出错,害怕冒险。明明我有灵光一闪的时刻,或者我能把事情做得更好,别人一开口驳斥,我就退缩了。

于是,困在不适合的职业、不擅长的事情中,不管怎么努力,我都在重复着恶性循环。

挣扎了几年,我几乎都快认命:或许就像别人说的那样,我就是个三无人员——无学历、无能力、无勇气的废物。

但一次意外,当我被环境推着不得不挑战恐惧时,竟发现自己有着莫名的天赋。而这个阀门打开以后,我似乎完成了某种进化——只要想干,就能干好任何事。

适应了曾经的"恐惧",我发现很难的事情,其实也就那样——付出了足够的时间和精力,我就能做到!

但是,假如不破开这道恐惧之窗,在狭小的"恐惧之屋"内,不管如何选择,都是黑暗的人生。

3. 如何战胜恐惧，实现逆袭？

有一句话是这么说的：要战胜恐惧，只能去了解恐惧的对象。所以，战胜恐惧的第一个方式是了解恐惧。

动物的本能是害怕火焰，但现代人为什么很少惧怕呢？答案很简单，因为我们足够了解它——我们知道在什么状态下，火焰不会伤害到我们。其实战胜恐惧的方法也是如此。

刚做销售那会，我始终认为这件事太难，无法驾驭。等我和大师兄见完客户，这种恐惧感更强烈了——原来做好软件销售，需要如此强大才有成交的可能性。

但是，当我经过系统化的培训以后，把技能拆分为产品知识、行业知识、销售技能这些板块，深入了解以后，这种恐慌便大大降低，于是我一步步克服了恐惧心理。

人之所以恐惧，并不是事物本身多可怕，而是来源于未知，未知引发我们的想象，从而脑补出无法战胜的形象。而通过了解，未知感消失后，恐惧背后的危险可能还在，但一定程度上，我们就敢挑战了。

我特别喜欢的一句话是：很多时候，我咬牙坚持着，不是因为有毅力，而是因为骑虎难下。

为什么能战胜恐惧，这句话就是一个好答案。

大多数事情，远看很危险，近看很危险，了解后很危险，反正就是不敢，如何解决？一个字：干！

再可怕的事情，等你干了以后，就会发现其实也就那样；再可怕的选择，等你骑虎难下了，你也会想到办法将它搞定。

很多时候，事实远比想象还要困难，但干了之后就不困难、不恐惧了。

我的好朋友从去年开始创业，之前一直很害怕，但也逼自己先干起来了。去年年末问他的感受，他苦笑着说："真后悔，要不是骑虎难下，我早就放弃了。"但到今年，他的公司规模越做越大，还换了办公室，扩招了不少人，从"骑虎难下"变成"如虎添翼"！

美国鲍威尔曾说过一句话："害怕，也是一种勇敢！"当我们理解了这句话，就知道如何对抗恐惧了。

大多数人都无法战胜恐惧，但每一个人都能做到，将害怕变成勇气。

譬如我自己明明可以舒服些，偏偏在上海折腾，是因为我害怕——害怕我这代还有选择权，而我的子女未来连选择的机会都没有。为摆脱可能到来的恐惧，我必须超越原生家庭的烙印，勇敢直面眼前的恐慌！

所有人都会有害怕的东西。但是一感到恐惧就躲起来，世界就会变得越来越小。

第一道闪电、第一束火苗，所有让人类进步的事情，都是由恐惧开始的。把最恐怖的地方变成最美丽的景色，这才是人类逆袭成万物之首的关键。

你有多不主动,你的人生就有多被动

不管我们是否相信:在成人的世界里,你多被动,你的人生就多被动。

在这个宇宙中,星辰在不断旋转,河流在奔腾不息,就连树木都知道随风摇曳,借着雨露、阳光生长。

然而,作为人而言,我们还相信着一堆关于被动的"鬼话",比如"是金子总会发光""酒香不怕巷子深"等等。我们总觉得,只要做好自己,福报总会降临到自己身上。

然而,或许"996"会来,想要的幸福靠被动永远等不来!

1. 被动的人生永远过不好

大多数人都希望被呵护,大多数人渴望被关注,大多数人在等待更好的未来,

但是,你不主动站在舞台上,永远没人关注你;你不追求幸福,幸福就不会来到你身边。被动的人生,不管怎么过,都很难过好。

我认识这么一个人，因为被动，险些毁了他的一生。

小 W 出身在一个还算富裕的家庭，他的父母都在国企工作。从小他就希望成为一名作家，然而父母给他的规划是在体制工作，他曾表达自己的想法，但都被父母轻易地打回去，说他的想法太天真。

确如父母所安排，20 余年过去了，他走入了既定的道路。然而，并非大家所想的那样，他一路顺风顺水。理想和现实存在太多差异，最终他只是成了一名国企的"临时工"，在蹉跎了一年之后，才鼓起勇气离开。

因为习惯了被安排，过惯了被动人生的他，如何习惯主动的独立生活？之后的每份工作他都做得很烂，做了短短几个月就离开，最后活成了一个胆小怕事、自卑懦弱的人。

这个人就是我。

在被动的人生里，虽然父母为我规划好了一切，但总有意外不在规划内，同样，自己的那颗心，如果习惯了被动、被呵护，如何直面风雨，主动争取幸福呢？

2. 谁都不想被动，但人生似乎没有选择？

有人说，你是被安排，被动地过；但大多数人更惨，是没有选择，只能被动接受。

如果你出生在一个贫困家庭，不是被父母牵着向前，而是被贫穷的惯性推着往前走,你能怎么选?

诚然,物质环境更优越的人,会拥有更多主动权,但并不代表,在被动的人生中就没有选择。

我的一位老领导将自己穷困被动的人生,活出了一个主动、精彩的人生。

他家庭环境不好,父母希望他通过读书能够改善生活,他也挺努力的,考上了一个师范大学。但他的天赋平平,最后还得托亲戚关系,才能在当地做老师。在当年,月薪不到500元,勉强只能养活自己,如何帮助家人?

待了一年半载,朋友邀请他去上海发展,于是他赌了一把。抵达上海后,没有任何工作经验的他,只好选择做销售。然而,干了一年,业绩都不见起色。一方面,因为他自己能力确实不够,另一方面,他所在公司不提供任何差旅报销,而大部分公司业务都在外地,需要面对面洽谈。他没钱,只能待在公司跟客户远程沟通。

后来,他不愿如此被动,开始集中邀约客户到某一时间段见面,他一攒够路费后,便主动出击。那几个月,他在当地疯狂地约见客户,夜晚就随便找个地方,睡一晚上。之后他越做越好,当时他在巅峰时期的业绩,第二名的提成只有他的零头。

诚然,对于穷困的人,90%的选择是被动的,但是,对我们自己而言，100%的行动是主动的。命运总会给我们喘息的机会，留一丝余地，让我们在败中求生。

人生有时候的确毫无选择，但我们可以选择做得更好，直到手握改变命运的机会。

3．争不过的人生，只能被动认命？

有人说："我试过了，根本没用，累了，也倦了！"

我明白这种感受，当一次又一次主动之后，收获的全是眼泪和失望，这种滋味很难受。

然而，我一位失败多次的朋友说过这么一句话："世界就像一个大赌场，只要不下场，就永远可以等待机会，时间是我们最大的砝码，且人人平等。"

我的好友小军，坚定着这一点，在毕业后的第五年，终于遏住了命运的喉咙。

毕业以后，他一直立志做一番事业，但是，辗转换了好些份工作，都不见起色。好不容易在当年进入一家不错的公司，为了改变不利局面，他每天坚持工作到晚上12点，然而，不管如何，在公司对比其他人，他都相差甚远。

兜兜转转蹉跎5年以后，他依旧坚持着。在又换了一个行业后，终于找到了职业中的"真命天子"。很快，他从组长到主管再到总监，经过一番跳跃式的晋升，就在去年，他自己辞职出去开了一家公司，开启了自己的事业。

人去争了，争不过才叫宿命，不争那是认命。人生还长，何必慌张！主动去追，谁都不知道未来有什么好事等着你。

人生是自己的，不要太被动。在成人的世界里，你有多被动，你的人生就有多被动。与其被动地等待不知道的结局，不如积极地争取。

人生苦短，且行且珍惜。

与焦虑和解,不做无意义的追逐

老朱是我最要好的朋友之一,今年已经 33 岁了,是我在这家公司的下属,上家公司的领导。

在外界看来,他事业还不错,而且赶上了好时机。2015 年在上海安了家,置了业。但是就公司现在的薪酬,也就勉强够他还掉房贷,剩下的钱连吃饭都不太够。幸运的是,还好他老婆的收入和他的差不多。但加上他没有退休金的父母和年幼的孩子,生活的焦虑和工作的压力,让他几乎喘不过气来。

其实早些年他还是挺不错的,零几年的时候就来了上海,在一家世界 500 强企业工作,不到两年就晋升为主管,平均每月收入就超过了 2 万元;但没过多久,他就跳槽去了顺丰快递公司,开启新的生涯。在当时,快递业务还没有现在这么红火,他干了两年,感觉收入变化不大,便又再次离开,加入了一家在工业领域不错的公司。好景不长,因为国际巨头的撤离,这家公司业务受了很大影响，没过多久，他就加入了我所在的上家公司，成了我的同事。

纵观他的职业历程：从世界500强企业，到如今的快递巨头，从工业细分领域领头羊，到创业公司中的独角兽，最后却不得不在一家几十人的创业公司，还是做着一个主管，拿着差不多的收入。

是他能力不行吗？并不是。他的努力和能力一直都让我敬佩，但因为焦虑与压力，让他总是在错误的时机，做了错误的抉择，在某个生涯循环中打转。

事关焦虑，我们应该如何避免因为焦虑导致生涯循环，走上更好的道路呢？第一步，需要学会正确看待焦虑。

1. 我们应该如何看待焦虑

科学家表明，我们所称之为"焦虑"的心理状态实际上是由三个彼此相关的方面构成：生理、认知和行为。

生理是反馈焦虑最直接的形式，譬如心跳加快、呼吸急促、精神恍惚、手心出汗、烦躁不安、疲惫、身体颤抖、肌肉紧张……这些都是焦虑的表现。

但归根溯源，所有的焦虑都来源于认知和行动，这两者交替，让我们生理和心理饱受煎熬。

① 修正自己的认知

与焦虑"和解",正确看待焦虑,首先,我们需要修正自己的认知:

• **焦虑是一种常见的情绪**

焦虑很常见,在职业生涯中我们难免出现焦虑。当焦虑来了,我们不要受焦虑的驱使,更加地逼迫自己。可以做自己感兴趣的事,增加锻炼和运动的时间,好好休息,给自己的心灵放个假。

不要认为自己在堕落,因为身体每天都需要休息,何况精神呢?

• **机会任何时候都存在**

很多人往往把焦虑的产生,认为是源于时机。觉得自己年龄大了,错过了最佳发展时期;觉得这是一个好机会,错过了就没有下一次了,但感觉无可奈何,就是抓不住。其实时机永远存在!

譬如,人人都在说电商红利期没了,但每年都有新的电商企业发展起来;很多人觉得30岁了还在做一线,但退休后,再次创业的也有不少人。诚然,当时失去某个机会很可惜,但保持本心,一步步向前走,自己也能比大多数人走得要快很多。

有时候,机会好比一个拥堵的电梯,人人都想挤上去,一堆人在下面跺脚难受。但如果你慢慢地去爬旁边那个空荡荡的楼梯，可能比第一波坐电梯的人慢一些，但实际上却能超过没能挤上电梯的大部分人！

②正确看待行动反馈

其次，我们要理智的行动，和正确看待行动反馈：

- 不要在情绪支配下做决定

不管何种情况，不要在情绪支配的情况下做决定。必要时，让脚步等等我们的心灵。跑得太快，心灵跟不上，有时还会花费更长的时间去修整，那时会更加焦虑。

- 接受不完美的行动反馈

最初的行动往往是最差的，也是最好的。因为最初的行动产生的结果不成熟，你需要正视他，慢慢做修正；而最好的地方好在，你开始行动了，不再停留于念想。好比微信的第一个版本，刚刚出来的时候，下面一片骂声，但之后也越做越好。

③与自己"和解"

我们要学会放过自己，与自己"和解"。

- 接受不公平和差距

每个人的出身、接受的教育都不一样，要正确看待自己，发挥所长。

差距是客观存在的,当差距出现时,去判别自己是否已经发挥了优势,若已经发挥了,就不要去攀比,若没有发挥好,接下来就发挥出来。

每个人都要学会在自己的能力和条件允许的范围当中,去创造最大的可能性,而非想着去超越本身的阀值。

• 你现在很好,未来会更好

我们每一个人都很好,无论身处何地,无论出身和接受的教育如何,我们现在很好,未来会更好。不必妄自菲薄,有目标就努力;不论结果如何,尽到全力,肯定有所收获;有想法就践行,哪管他人的嘲笑。

世界这么大,总有人喜欢你,也有人讨厌你。我们尽力做到最好了,别人喜欢我们,我们很开心;别人不喜欢,我们也无可奈何,但也足够了!

我们不要做无意义的追逐,不要在不安和焦虑中做生涯循环,如果走不了捷径,那就多走几步吧!

好奇心，是一个人与生俱来的才华

老人总说"好奇心害死猫"，以规劝我们凡事做好自己的本分，不要过于好奇，以免害到自己。

但教育家阿诺德·爱丁伯罗则说："好奇心是教育的根基。"

我特别认可这句话。大多数时候我们很容易看到好奇心的不好，但很少有人了解，对于个体而言，好奇才是一个人与生俱来的最大才华。

"如果你告诉我，好奇心害死猫，我只能说这只猫死得高贵。"

1. 好奇心害死猫，不好奇害死人

清华大学中文系教授格非作为教师代表，在 2017 届新生见面会上发表了对学生的寄语：

我觉得一个人，假如说他把自己局限在一个自我意识始终很舒服的境况里边，把自己封闭在很狭窄的知识门类或专业当中，是很成问题的。不管你是否乐于接受，那种偏安于知识的一隅而孤芳自赏的时代，已经彻底结束了。

这段话告诉我们，在当下的环境里，丧失好奇心，把自己封闭在狭窄的领域里是会"死人"的。

我有一位朋友，他在早些年一直从事航海软件的开发。我们许久未见，前段时间他居然告诉我，他自己在研发移动办公软件以增加收入来源。

我大惊，问他："你知道现在移动办公软件的市场情况是什么样吗？"

他说："我在这行几十年了，还不是那样，有什么我不清楚的？"

然而他却不知道，就在这几年，阿里巴巴的"钉钉"、腾讯的"企业微信"都在做移动办公，而且还是"免费"的。以他们公司的资金和研发能力，一头扎下去，都溅不起什么水花。

还好我知道得早，以此提醒了他，否则等他再埋头苦干一年半载，亏损百万绝对不是一个玩笑。

好奇心有多重要？德国著名化学家李比希曾因此错过了生涯里最重要的一次发现。他曾做过一次实验，他把氯气通入海水中提取碘之后，发现剩余的母液中沉积着一层红棕色的液体。虽然他对此也感到奇怪，但并未放在心上，武断地认为这不过是碘的化合物，只在瓶上贴张标签了事。直到之后一位法国科学家证实这是一种新元素——溴，李比希才恍然大悟。他因此称这个瓶子为"失误瓶"，以告诫自己。

好奇心害死猫？错，这个世界上，只有不好奇才害死人！倘若固守于狭隘的世界，失去的的不仅是机会，还会损失更多。

2. 好奇是一个人最大的才华

当然，有关于好奇心最重要的不是害死或者不害死，而是一旦我们失去了那份好奇和探索的欲望，任凭自己有多么厉害的天赋，都会慢慢沦为庸俗。

譬如我自己，大学期间是最不出色的那个，但毕业这些年却能后来居上，本质其实源于好奇。

我带过300多人，也和很多成长迅速的人交流过，我发现那些特别优秀的人，都对自己的工作、生活、当下的行动方式充满好奇。他们不会满足于常规世界给出的常规答案，而是不断挖掘、探索，基于自己的特点和对这个世界的好奇，找寻属于自己最好的工作方式和工作状态。

他们不断地刷新认知，积累经验，了解前沿动态，他们总在尝试大家不敢尝试或者未曾想到的东西，这个过程里有失败，也有沮丧。但往往一次成功就能给他们巨大的回报。

他们是引领者、开拓者。这些跑在时代前端的人，理所应当的也享受到了时代给予的最好的红利。

从过往历史来看,那些伟大的人也是如此:

爱因斯坦说:"我没有特别的天才,只有强烈的好奇心。"
培根说:"知识是一种快乐,而好奇则是知识的萌芽。"
居里夫人说:"好奇心是学习者的第一美德。"
……

好奇心是什么?它不是潘多拉的魔盒,会给我们带来未知的灾难;而是智慧的钥匙,可能打开那扇门,会有不好的事情发生,但在大门之后的新世界里,等着我们的却可能是取之不尽的好事情。

未来不属于有钱人,更不属于穷人,而是属于好奇的人!

倘若我们有"活到老、学到老"的想法,那就有无限的可能性,它将成为我们最大的财富;但相反,失去好奇心的一瞬间,人就"死"了。

第 4 章

能力突围篇

再强的能力,也不是过于自我的理由

我特别喜欢赫尔曼·黑塞说的一句话:"对每个人而言,真正的职责只有一个:找到自我,然后在心中坚守其一生,全心全意,永不停息。"

对于大多数人而言,做好自我觉醒,发现自我意识,真的太重要了。

但是,如果太过自我,也并非是件好事,因为它会不知不觉摧毁你的工作和生活。

1. 能力再强,也不要太自我

我曾有位朋友在业内能力出众,30 岁不到,就已有近 40 万元的年薪。她年少聪明,头脑灵活,毕业以后,很轻松就进了一家不错的企业。由于业绩卓越,短短 1 年便晋升为经理。

但正因如此,她总有些恃才傲物的意味,常常对组员说:"要你们有什么用?把你们都开除了,我一个人都能完成目标！"不仅如此,她还总与其他部门起冲突,开会时,一言不合就抨击对方:"你们的产品和服务做得这么烂,要我怎么做?不要坑我好不好!"

但好景不长,随着行业衰退和市场竞争加剧,她的业绩越来越差,再加上各种问题的交织,内部矛盾进一步激化——几次开会,她都拍着桌子,险些和其他人打起来。

领导私下劝她稍做克制,不要太自我,大家齐心协力,共渡难关。她则说:"一群'猪队友'拖后腿,怎么做得好?"

随后,深感"前途无亮",她便答应了"欣赏"她许久的某老板,跳槽去了他的公司。之后的两年,她在新公司依旧我行我素,却未能延续之前的业绩神话,最后在"指责"和"围攻"中黯然离场。

那之后,她特别苦闷,向我抱怨:"我这么有能力,为什么总遭遇'猪队友'?"

我对她说:"你或许很优秀,但并非想象中的那么强大。企业竞争好比一场足球比赛,前锋可能是最耀眼的那个,但比赛输赢在于每一个人。当你只看到自己的成绩与努力,又选择踽踽独行时,结果早已注定!"

很多时候,我们常觉得自己很厉害,觉得其他人不仅没有价值,还在"阻碍"自己;但别忘了,我们所谓的历史成就,也是团队努力的结果,真要只靠一个人去做,再牛×的开局,结局都不堪入目。

东野圭吾在他的小说中曾提到，自以为是永远都是大敌，本可看到的东西也因此视而不见。

但在我看来不止如此。职场上太自我，不仅关上了出去的门，也锁住了别人想帮你的窗。他人真的有这么差劲吗？肯定不是，但当选择自以为是的那一刻，所有协作该有的合力，都变为了阻力。

那么，最后的结局如何，早已注定！

2. 某些看似的开放，当心仍旧太自我

2015年时，我曾加入了一家很厉害的公司。这家公司从成立开始，每年的业绩增长速度都是10倍，当时的业绩在那个新兴领域内，都是数一数二的。那段岁月，我学到了很多从未知晓的知识，体会到从未有过的成长速度。所有人都极度认可公司的一切，觉得这里的一切就是最好的，但未曾料想竟是自我衰退的开始。

在狂奔突进的发展中，公司的团队开始轻视敌人，也无视合作伙伴，我们频繁地做着内部交流，但从未想过走出去。

经过两年的风云变幻，当我们缓过神来，才突然发现——我们曾经引以为傲的那套内容，早已经过时。而后，形式急转而下——公司一边是巨头狙击，一边是竞争对手的异军突起，

最后不得不裁员而断腕求生。

回想起来,在那些年里,我们自以为很开放,但其实太自我;总觉得自己是业界老大,自己的就是最好的,但忘记外面的世界还很大。

裁员之后的几个月,我主动选择了离职。而后,我学习过那些小而精的中小企业,如何将专业做到极致;感受过跨国企业的魅力,知道什么才叫沉淀;体验过传统巨头的牢固,知晓什么叫作关系;也跨越行业,感受其他领域的魅力。

再回头时才明了,从没有绝对的强大,任何今天的优势,都会被明天的趋势所替代;同时,在看不到的角落,别人总有可取之处。只有走出狭小的世界,才能成就其持续的卓越。

3. 活得太自我,很难幸福

大部分人都说:活出自我,我们才会幸福。但现实其实是,太自我的人往往很难幸福——这种不幸,既源于内,也呈现于反馈。

我刚工作那会儿,看谁都像看坏人:师傅为人冷漠,敷衍两句就不再理我;领导冷酷无情,只看业绩;同事冷眉相对,关键时还"下黑手"、打小报告……

但是,情况真是这样吗?其实大家不过各忙各的,就事论事罢了。

哪有这么多的坏人，只不过是因为别人一个不经意的言语或动作，我们就在内心不断"加戏"，越描越黑罢了。日积月累，就凑成一个个大恶人出来，感觉自己就像掉进了一个恶人谷，有苦说不出。

然而，就算换了环境，还是如此。

更有甚至，信奉"以牙还牙，以眼还眼"，原本和平无事，最后把自己纵容成一个四下不招人待见的狭隘者了。退一万步讲，可能别人真没那个意思，但你有这个心，又采取这样的举动了，所有想象立刻变为现实。

这个世界从来不是围着哪一个人转的，因此，淡然地看待这个世界——不要把人家想得那么坏，同时把自己抬得那么高。

有句话是这么说的："你如何对待这个世界，这个世界就如何对待你。"

活得太自我，怎么样都很难幸福。不要活得太自我，这对别人很重要，对自己更重要！

那些后来居上的人,也在偷偷地犯错

毕业的第 5 年,我常常想,如果能重来,我一定告诉过去的自己,去避免曾经踩过的坑、犯过的错,那么成长到现在,我肯定会是一个更厉害的人。

然而,后来的种种现实告诉我,这个想法很幼稚。想要厚积薄发,逆势而上,那些犯错都是必要的!

1. 那些后来居上的人,都在偷偷让自己犯错

2016 年那会儿,我曾负责过一段时间培训,期间我发现一个有意思的情况:那些在培训期表现得四平八稳的人,上岗一段时间以后,只有少数人变得很厉害;相反,看似愚钝、小错不断的那部分人,却总有人能够迅速成长起来,并且强势逆袭。

后来,我跟踪了解了一些平时就很优秀的人,也发现那些平日里看上去非常卓越的人,犯的错也不少。

人的成长好像和理财增值恰恰相反:投资需要的是止损,

但成长则需受损。

有人说:"你就瞎扯吧!前辈都告诉我们,在职场上,做人做事,要谨言慎行,避免犯错。"

这句话的部分内容我是认同的,一个人在一个团体、一个地方待久了,还不能把握分寸,找准自己的位置发挥所长,依旧不断试错,这不是蠢,就是傻。但是面对一个未知的领域,或者加入一家新的企业,犯错是最好的磨合,也是最深刻的成长。

在我刚做销售那会儿,我曾遭遇三次惨痛的错误,让我铭记于心,使得我迅速成长:

一次是拜访一家做工程照明的客户,由于我的第一次表现不好,后来即便拜访这位客户13次,都未曾签约;第二次是和意向强烈客户的合作,短信沟通时我发错了老板的姓名,被客户拉黑,最后被同事签约,自己白白丢掉了近4万元提成;还有一次与做医疗器械的客户沟通,由于我的参与度低,后来客户要退款时,我没有任何措施应对,精神几乎崩溃。

在与这三家客户合作时,我犯过的错误、得到的教训,几乎长到我的骨子里,告诫我不要再做当初那个蠢货。但没有这三次犯错,再多的告诫都没用,得到的感悟也不过是"为赋新词强说愁"!

在工作中,每件事在刚开始都有一个容忍期,这段时期本来就是要好好试错,不用就是浪费。做管理层以后,每次我带新人都会说:"该交的'学费',我希望你们在实习期就已经交足了,前面犯小错,后面才不会犯大错!"

长远来看,所有的方法都是"错的",永远都存在更优的解法。

我最早待的那家公司,大家曾经给我这样一个外号"小王子",原因是我曾经一天之内亲自开拓了 16 个精准的线索,远超大家的成绩。

然而这项技能我再也没用过,因为现在的"呼叫机器人+数据爬虫"这样的解决方案,机器人一天能呼出 800 个电话,不仅能获得更多的线索,成本还低。我的技能再牛,还有多大意义?

最优秀的信审员一天能审核 50 个客户信息,用 AI 一天可以审核 1 万个,前者再厉害又算什么?

超级心算大师仅用 11.8 秒的时间就心算出一个百位数的 13 次方根,可他面对超级计算机又算什么?

…………

任何一个厉害的人或者技能,只能放在某一个环境和某一个时间段去看。随着环境变化和时间推移,这个人或技能可能就是"错的"。

就像我曾经待过的那家企业,做到一年 10 倍的增长速度,这家企业的销售方法和管理方式一度被看作业内"神话",受到众多投资人和业内同仁的认可。但是,后来与某巨头战役中,依托此项方式却一败再败,不得不转移战场,从头再来。

接着,这引以为傲的一套方式,随着时间推移都被尘封起来,成为传说,这一"神话"转眼变成一段"错误史"!

2. 成功是概率学,也是犯错学

在湖畔大学尚未建立之前,马云就曾提到:"湖畔大学和一般商学院不一样,别人研究的是成功,我们研究的是失败。"

这话听上去挺滑稽的,但反过来,我们可以想想:成功的本质是什么?是某个特殊的捷径吗?都不是。成功其实是失败的总集,是错误的积累。成功没有明确的道路,是在概率中找到偶然中的必然。

如此来看,失败或许更接近成功,研究失败反而更正确。

正确的道理固然重要,但再多的道理只能帮我们排除明显错误的道路。由于个体差异总是不同,在接下来的选择里,每个人只能一个个地去试错。

允许试错,是成功的前提;追求免责,是失败的开始。

人生就是一个试错的过程,如果不浪费,根本不知道路在哪里,不知道哪些机会可行。谁的人生不犯错?不试错的人,反而会把一切都错过。

走出"逃避舒适区",走入"能力舒适区"

电影《这个杀手不太冷》里面有这样一段对话:

"人生总是如此艰难,还是只有小时候?"
"总是如此。"

正如电影所述,关于人生,其实根本没有什么舒适区。人生在世,哪里有舒适区供我们享受,都是受苦,无非层次不同。

并且,如果大家留心,会发现一个有趣的事实:但凡说要走出舒适区的那些人,没有一个是很舒服的,往往比谁都痛苦——要么是肉体上痛苦,要么是心灵上痛苦。

人要是舒服,谁会没事"跳出去"?所以,本质上,走出去是为了更舒服,或者持续的舒服。说直白点,成长是为了让自己好过些,或者在艰难的世界找到一个相对舒服的姿势,以抵御现实中的各种不幸。

1. 你要走入舒适区，才能更好地发挥自己

我曾有个朋友在大学毕业以后，一直在宁波从事审计工作，专业对口，薪资也不错。但是，几年后，她却放弃当下的舒适，离职开始从事销售工作，并与我成为同事。

一起工作的那段岁月，她特别勤奋，但一直没什么成果，这几年，我偶尔和她沟通，发现她也没什么改变，一直在温饱线上挣扎。

她算是跳出了舒适区，可却再也没舒适过，为何会如此呢？

或许不少人会说，因为天赋，因为能力，因为性格……

这些分析都对，其实说到底，不就是这样一件事吗？——人只有发挥所长，才能更好地成长和进步。

所以，有效的成长，不是跳出舒适区，而是走入能力的舒适区罢了！

拿我自己来说，2013年我从中石化离职，当时的初衷很简单：我要走出舒适区，不要温水煮青蛙。然而，出来后的3年里，我却迷失起来了，漫无目的地在"未知区"试错：曾在工厂干过工人，付出辛苦不说，还被拖欠工资；也曾做过采购，工资不高，完全学不进去；后来转型做工业品销售，把业绩做得一塌糊涂……

脱离了所谓的舒适区，我一连踏入了数个未知世界的恐慌区内，差点一蹶不振。直到偶然接触到软件行业，发现自己对

其挺敏感,也有足够的兴趣,于是踏入其中,经过几年努力,总算有些收获。

如果当时我选择继续做下去,找"不舒适的区域",现在的我都不知道是什么样子。

真正的成长是什么?不是找苦头自虐,而是找准自己的天赋和能力的舒适区,把自虐变成自律,好好在其中经营。

2. 成长,你不必走出舒适区

成长,我们不必走出舒适区,但是不是意味着躺在舒适区不动,想要的成长就会来呢?当然不是。虽然我们不必走出去,但还是需要扩大我们的舒适区范围,扩充我们的认知边界和能力边界。

我们刚出生的时候,一丁点小事都会让自己哭闹起来,随着生命的成长和认知扩大,舒适区也随之扩大,于是我们越来越坚强。

生活也是如此,除了岁月让我们被动成长以外,我们还需要学会主动扩大我们的舒适区,具体来讲有这样几个步骤:

①建立主动意识

化被动为主动,首先脑子里面要有这种意识。可能暂时我们很难去行动,但如果连主动意识都没有,就什么都没有了。

刚做销售时,我每次拜访陌生客户都感觉挺恐惧的,去敲客户的门都会犹豫好久,那时我总和自己说:不管成不成,你得试试。

这个念头徘徊的时间足够以后,我便鼓足勇气敢于行动了。包括如今从事新媒体这件事,光是想这么一件事,我就花了半年的时间,才付出行动,如今不也干得不错吗?

人,先不管暂时能不能干一件事,先把这个想法放在脑子里,每天都想想,时间久了,积累够了,你自然会动起来。

②找到安全界限

当我们能够开始扩大舒适区,往外进行实践探索的时候,千万不要着急,这个时候我们应该找到自己的安全界限,小心地往外拓展,避免应激反应。

比如一名士兵没有经过任何训练,直接将其扔到战场上,就算能够侥幸生还,也会在内心留下巨大的阴影,再也不敢上战场。所以在现代战争的训练中,会有一系列模拟训练,让士兵慢慢适应。

人也一样,扩大舒适区的过程,是一个在安全边际探索的过程,不要不用力,也不要用力过度。

③将行动化作本能,将意识变为习惯

最后一步就是将我们扩大舒适区的行为变成我们的习惯。

不管做什么事情，我们都有这样一套扩大舒适区的习惯去对应，这样我们的成长就极其迅速了。

譬如我自己，因为长期做销售的训练，这个习惯已经成为本能。所以之后，我从销售跨越做培训，从培训跨越做客户成功，从客户成功跨越做运营，从运营到现在兼职做新媒体创作，都能够比较轻松地应对。

因为我自己已经建立了一个比较好的"舒适模型"，能够有效去扩大舒适区，应对新事物。

我们每一个人，其实都不必走出舒适区，也能好好成长。如果真要走，那也是走出"逃避舒适区"，走入"能力舒适区"，仅此而已。

掌握跳槽的关键 5 步，助你开启新的职业生涯

理想中的跳槽，大多被设想为"海阔凭鱼跃，天高任鸟飞"。但现实来讲，好多人都变成"海阔凭鱼呛，天高任鸟摔"。于是大家都说，"跳槽穷半年，改行毁三载"。

不少时候，很多人真的没得选，在"福报"和"受苦"之间，必须跳一跳，做出选择。既然没得选，有没有办法打破"穷半年，毁三载"的魔咒呢？答案是肯定的，掌握接下来这 5 步，帮你解除魔咒！

1. 建立框架认知

古人曾说过："一叶障目，不见泰山。"我们不管是改行，还是踏入新领域，最怕的就是出现这种情况——一知半解，又觉得自己什么都知道。带着这样狭隘的认知，我们常常容易走入死胡同，掉入"穷半年"，或者"毁三载"的陷阱。

所以，打破魔咒的第一步就是：着眼全局，建立框架认知。

人的大脑挺有意思的，对于某个概念，在具备整体认知的情况下，记忆和学习起来非常容易，往往能取得事半功倍的效果；相反，对这个概念没有整体认知的时候，学习起来非常吃力。

以写作这件事来说，我没建立框架认知时，脑子里面只知道自己要写，文笔要好，但是对哪里写得好、哪里写得不好根本没概念。

但如果把文章拆解为标题、开头、结尾、排版、逻辑结构、故事结构……这些部分来看之后，我一下就豁然开朗，知道哪里写得好、哪里写得不好以及怎么写。认识了文章整体框架，学习写作这件事，就变得容易了许多。

当然有人肯定会问了："听上去感觉挺好的，但我做不到啊！"我送你3个方法，快速建立认知框架：

①请教业内专家

所谓的专家不是指有教授职称这些人，而是在你所踏足的行业或者领域内，那些经验丰富的人，哪怕他们的地位或者出身不如你。所谓达者为师，一定要多请教那些领域内经验丰富的人，他们能够帮助我们建立框架，从而少走许多弯路，朝正确的方向努力。

②多看书

方法①应该是最好的方式，但存在不可控因素，多数情况下，你会碰到"伪专家"，甚至被带歪。就算运气不错遇上真正的专家，但别人不一定教你。所以在避免被误导又找不到合适的人请教的情况下，可以选择多看书。

③知识付费

在有钱有闲的情况下，建议参与培训或者知识付费。大部分时候我们很难找到合适的专家，看书又很难看进去，缺乏氛围和环境，这时，我们可以报名参与培训班，线上或者线下培训都可以。当然这里尽可能选择知名度高的人，通过引擎搜索，能够查到"战绩"的人，而不是通过朋友圈或者渠道，选择那些宣传看起来很厉害的人，避免掉入"包装陷阱"。

2. 空杯很好，但别忘了传承

我们常常说，踏入新领域要有空杯心态。这个想法非常棒，但别空着空着，把所有东西都扔了。好的选择应该是"取其精华，去其糟粕"，用专业的词来说就是：对比迁移。

怎么迁移？应该对照我们前面说的"认知框架"去迁移。对已经掌握的、能够发挥所用的知识，顺带迁移过来，没有掌握的知识可以舍弃掉，重新学习。

譬如从销售转做运营，二者都需要客户画像分析的能力，这是我做销售时已经掌握的能力就不用学习了，可以在做运营时直接使用。但是，在迁移过程中，需警惕如下风险：

① 你真的掌握了吗？

有时候，我们常常以为自己掌握了某些知识，但其实我们并没有。在对概念、认知、明理、规律这些知识的掌控程度的环节中，我们要做自我衡量，衡量自己到底处于哪一阶段，所从事的工作需要我们掌握到哪一阶段。

② 它们真的能通用？

我们刚才提到了客户画像这个词。企业级客户画像和个人用户画像是两回事，企业是群体决策，个人是单体决策，其中很多逻辑是没法通用的。在从销售转做运营的过程中，虽然二者都需要客户画像分析的技能，然而还是要对其中的知识谨慎迁移。

3. 功利性学习

人们常说，船到桥头自然直，时间是最好的出路。但是在大多数时候，特别是我们刚踏入一个新领域的时候，我们都在和时间赛跑，哪来时间做到尽善尽美，完善知识结构。

方案来了，你不会做也得做；项目上了，你搞不定也得搞，搞得定就留下，搞不定就走人。你想要时间，时间不等你，怎么办？

这时，我们需要做好功利性学习！简单来说，就是在限定的时间范围内，搞清楚哪些先学，哪些后学。

通常我们可以通过3个标准去衡量：

知识必要性：弄清哪些是必要知识、哪些是非必要的知识，先学必要知识。

工作迫切度：弄清哪些知识迫切需要使用、哪些知识可以滞后掌握，学最急需的知识。

掌握的深度：对岗位来讲，在有些岗位掌握某种知识概念就好，在有些岗位要具体执行使用并且要精通某种知识，因此需要衡量对知识的掌握深度。

4. 让实践产生复利

玩游戏的人都知道，决定等级的高低最重要的就是经验值。通常击败一只怪物只能收获一份经验值，但有双倍经验卡则不一样，在同等时间范围内，我们能够加倍成长，获得更多经验值。

所以，在快速成长中，我们要找到我们的"多倍经验卡"，让实践产生复利，通常可以采用如下方式：

①勤复盘

实践是最好的吸收知识的方式，而复盘能够帮我们把实践的经验榨干，找到平时看不到的死角，让行动产生复利效果。所以每完成一个项目或一件事情，要对自己做好复盘。另外，还要勤复盘别人的盘。同样的项目，你在做，别人也在做，为什么别人做得更好？对比总结经验，吸取教训，这样可以算作你多实践了一次。

②多模拟

军事上有一个练习方式叫"沙盘演练"，就是基于沙盘和另外几个人推演一场战争的进展情况。这样的方式以最小代价，达到反复训练的程度。我们在工作中也可以如此，譬如从事销售工作，可以找朋友扮演客户，抽时间模拟双方谈判、沟通的过程，然后总结问题。

5．改进升级

按照上面4个流程走下去，或多或少都会遭遇挫折，比如理论无法应用实践情况，或者因为个体差异和环境等原因，出现一些我们无法避免的情况，所以我们还要做好改进升级。

这个时候，我们要反思3个点：

① **是否理解偏差？**

· **未理解**

技能的理解常规上来讲分为三个层次：概念、方法、应用场景。

有人懂概念，要他总结规律却说不出来，更别论实践；有人懂方法，但他一实践总是出错，感觉方法时灵时不灵。只有真正掌握规律并能运用在不同的场景，才算真正消化，否则或多或少都会对技能的理解存在一定的偏差情况。

· **存在偷工减料**

有时候我们掌握了一定知识，在早期应用的时候，总想着活学活用，但实际情况往往很糟。初入新领域时，一定不要"偷工减料"，先牢固掌握所学到的知识，进行"固化"，再灵活运用这些知识到实践中去，"活化"知识，最后达到"神化"的境地，能够随心所欲地运用知识。

② **应用前提偏差**

有时候我们对知识的理解没问题，但将方法应用到错误的地方，也会出问题。譬如从事新媒体写作，学习传统写作的套路虽然没什么问题，但直接应用到新媒体写作当中，效果肯定大打折扣。

③是否在知识荒原？

如果处于一个新行业或者新领域，这是幸运也是不幸。幸运的是，未来前景美好，有无限可能；不幸的是，你所学习的知识可能被淘汰的速度极其快，也许某一理论在去年还是正确的，今年就会被推翻。当你在一个知识荒原内奔跑，参照物可能都是错的，那你只能花更多精力在实践里得出结论了。

关于适应跳槽这件事的方法是说不完的，肯定还有很多。我能够总结出来的、认为对大家最有帮助的，莫过于这5个要点。

这5点不仅能运用于跳槽，去适应新的领域，对于我们的成长学习也能给予不少启示。把这几条记牢了，下次重新开始新的职业生涯时，我相信一定对你会有帮助。

随意经营的职场人设,正默默"啃食"着你的前途

之前和老婆在家聊天,她突然提到:"鹏君,你知不知道在大学期间,我们班的女生可瞧不起你呢?"

我顿时一惊,仔细回想了下大学的自己,但想来想去,感觉自己挺好,也没和大家发生冲突,为什么大家会讨厌我?然后老婆告诉我,主要有几个原因:

第一,头发油腻腻的,一件衣服穿好多天;

第二,qq空间的文字很消极,感觉人很阴暗;

第三,成绩不好,总是一个人傻乎乎地坐在第一排,结果还挂科。

我仔细想了想,这好像和我真实的样子很不匹配:

我头发油腻是天生的,衣服是因为我买了好几件同款;

空间里的文字也就是发发牢骚,然后表达下感受;

就是因为成绩不好,我才坐第一排,希望给老师一个好印象。

但我平时没做什么坏事,为什么我自己觉得很正常,在他人眼中却招人讨厌?

顿时我来了兴致,又问了几个朋友对现在的我的评价,总结下又让我出乎意料:逻辑思维强,学习能力强大,事业步步高升,什么都懂!

我哑然失笑。因为实话实说,我学习能力一般,记什么东西都很慢,我老婆最清楚不过了;事业也遭遇过很多波折,咬牙在撑着;其实我懂的知识也就这么多,不过别人问我某个知识点,我会查资料,尽量解答。但令我出乎意料的是,我居然在别人眼中是这样的人设!

想了一晚,其实何止如此,不论是在职场,还是在生活中,每个人都有自己的人设!即便你没有注意,每个和你交往的人,也都帮你打上了各种各样的标签,这些标签在无形中决定了你的职场地位和社交地位。这就是我们的人设。

我们该如何经营自己的人设呢?

1. 梳理别人了解我们的认知渠道

①微信朋友圈

我们经常发的东西是什么?在别人看来,你是"吃货"还是旅游达人?还是行业专家?

②精神面貌

我们是萎靡不振,还是意气风发?如果要经营好人设,即使很疲惫,在和外界打交道时,我们即使是装,也得装的精神抖擞。

③打扮穿着

我们的穿着是职业化的,还是很随意的?陌生人在第一时间肯定会通过穿着去判定你是一个什么样的人。

④说话谈吐

和人交谈,我们是沉稳淡定还是雷厉风行,或者吞吞吐吐?

⑤待人处事

做事情,我们是丢三落四,还是一丝不苟?

以上这些都是一些频次最高的认知渠道,我们务必要好好经营自己的人设。而且很多时候它们不是孤立的,而是相互穿插、相互影响，时间久了，我们在别人心中就会有明确的人设标签了。

2．做好角色管理

我们看电影时，里面的每个影视明星在不同的剧情中都有不同的角色，换做我们其实也是一样：

在对内工作中，我们要树立什么样的正面角色？是靠谱、有担当、热心，还是有能力？大家根据自身性格特点，可以好好想一想。

在对外交往中，我们又要树立什么样的角色？根据工作性质，我们对需要长期打交道的人员，也可以营造一个对应的角色，让自己在这个岗位和行业中发展得更好。

在其他场合，如果有需求也可以想办法树立一个角色，当然也可以选择不那么麻烦的，自然展现自己。

那么，到这里就算经营好人设了吗？并没有，我们还要做好传播，巩固别人对我们的印象！

3．做好传播，巩固印象

人设不是经过一天两天就能形成的，它是在人与人互动的过程中，不断产生的，也会因为彼此的互动发生变化。所以，我们还要巩固印象，一次又一次地传递我们想要传递的讯息。

抓住每一次上台演讲的机会，不着痕迹地告诉别人你是一个什么样的人。利用公共媒介和网络渠道去宣传自己，不断展现自己最新的、最好的动态。

进一步经营自己的人设，除了关于性格属性的传播以外，还要经营个人的特殊属性：

①**你是谁？**

有多少人记得住你的名字，知道你是谁呢？而不是当别人提起你的时候，叫不出你的名字，反而描述的是：是不是那个个子高高的、说话很大声的人？

②**你是做什么的？**

如果想要获得更多的业务机会或者工作机会，我们还得有意识地传递，让别人知道我们是做什么的，做了多久。这样，你的人设在很多人眼中就越发具体了！

③**你值得信任吗？**

人设的终极目的，当然是为了让大家足够信任我们。所以在传播过程中，我们可以加入一些事件、特质，以此来佐证我们值得信任！譬如曾获得什么奖励，有哪些公司认可项目、行业认可的事件等等。

到这里肯定有人会说这样太"装"了,或者说这不真诚,这是欺骗别人!但是,经营人设是"骗人"吗?

其实并不是这样,经营人设不是重构一个自己,而是基于自身特点,有意识地把优点展示出来,并且放大。

譬如我们谨慎,但有时候谨慎和胆小也离得很近,我们要有意识地让别人觉得我们是谨慎,而非胆小;譬如我性格活泼,没关系,这也可以给自己设立性格活泼的人设,只要让别人觉得我们足够"正面"就好了。

不管如何,至少我们要尽量让别人看我们是正面的,不是吗?

会说话的人，一开口就赢了

我发现人们越来越不会说话了，即便懂得很多知识。

譬如：我们很少把"人工智能"说成"人工智能"，而叫作"AI"；我们不说"企业服务"，而是说"toB"；我们把"虚拟现实"叫"VR"；谈 IPO 的时候，我们也从不说"首次向社会公众公开招股"……

越来越多的人，已经习惯用自己产业或行业内的代名词或者缩写来阐述自己的观点，讲的名词一个比一个短，一个比一个专业。仿佛，我们不用这些代称、缩写，就不能展现我们的专业性。

而这些名词的普及，并没有很好地提高我们的效率，反倒让大多数人越来越不会说话了！

小 Q 是我带的第三期学员，人挺聪明的，之前也在互联网公司做过。我给他做互联网基础知识培训时，谈到"toB""toC""SaaS""IM（即时通信）""OA（办公自动化）"

等名词时，他都挺清楚的，基本上都能知道与之对应的中文名词。虽然这一部分内容他并没有很认真地听课，但考虑他有相关基础，我也就放任他了。

培训结束后，他开始独立拜访客户，一段时间里，同期比他差一些的学员都陆陆续续开始有收获了，他却一无所得。我深感疑惑，于是便找了一天，陪他一起拜访客户。

抵达目的地后，他依照所学内容开始介绍公司产品，客户在中途问了他一个问题："什么是SaaS？"

他不假思索地回答："软件即服务？"

但客户似乎还是不明白，问他"软件即服务"是什么意思、有什么好处，他便犹豫起来了，支支吾吾地乱说了一通，最终结果可想而知。

离开现场后，他在路上表现得很沮丧，觉得自己"运气"不好，认为自己明明说的没问题，什么都知道，却总是这样的结果！

但真的是这样吗？其实他是不会说话，追根溯源，他对名词的理解也是一知半解。

1. 一知半解是"不会说话"最常见的表现形式之一

学会说话的基础是你真正去懂得一个东西或一件事情，知道如何去做、怎么安排，了解理论如何同条件变化，它的优势是什么，缺点在哪。如果我们只是知道一个单一的概念，人云亦云，如何能将其说清楚？同样，对于一个名词，它的起源是什么，由谁提出，在时代下出现怎么样的变迁，广义理解和狭义理解分别是什么样的。如果不明白其中的内容，说出的话如何让人信服？

2. 听懂别人的话，是"会说话"的核心

我们懂了其中的道理，就会说话了吗？不一定！

人和人之间的交流是一定会存在沟通障碍的，这种障碍有时候是人为造成的，有时是因为信息不对称或认知不对称。

譬如我们和别人聊天：他身体前倾代表什么？他皱眉代表什么？他言语中哪些词汇重复出现？他是吞吞吐吐，还是滔滔不绝？每个人的行为动作、表情、言语词汇出现的频次，都有隐藏的"密码"，需要我们去解读。

如果我们都听不懂别人的潜台词，不能理解别人的真实诉求和想法，如何与对方在一个频道上说话？

3. 学会站在他人的角度说话

会说话的终极奥秘是学会站在他人的角度说话！

通常情况下，我们可以从两个角度去思考：

①知识结构

对方的知识结构怎么样？你们有哪些"通用词"或是"共同的认知"？通过类比，或者以有共同认知的事物作为参照物，向对方阐述，能够容易让人理解。

②生理差异

最典型的生理差异就是男人和女人，异性之间沟通一定要充分考虑性别差异。其次，和老人如何沟通，同小孩如何交流，都有其对应的"语言"。

现在问问我们自己，你会说话吗？

掌控职场的两大"战场",让你脱颖而出

之前在朋友组建的微信交流群里,一位好友突然感慨道:"今天终于早早地下了一回班!"当时我看了手机上显示的时间——晚上10点半,不由哭笑不得。

这位朋友我是知道的,家离公司非常远,上下班加起来的通勤时间至少需要4个小时,他所谓的早些下班,其实到家里至少都已经半夜12点多了。

他曾经是我的老同事,一起并肩作战,在好些时日奋斗到凌晨。提到勤勉和加班,说实话,当年我们所在的公司被业内人称为"疯子""变态"。比较典型的一次,一家上市公司高层来我们公司学习,参加会议,陪我们整个管理层一起开会到凌晨就扛不住走了,后来我们干到凌晨3点才离开,第二天一早8点钟,又早早地组织团队召开早会。

而这样一个战斗力十足的企业,后来竟也来了一次大规模的"人员优化"。在那次以后,我们各自的团队都分崩离析,最后勉强留了一段时间后,便各奔前程去了不同的企业。

离开后的日子，我时常反思那个时候的所做所行，重新去考量时间的价值和意义，还有做事方法，直至如今，我也成为一家企业的核心高管，虽也偶尔加班，但总体来讲，正常作息是常态。

回望毕业以来的职业生涯，加班的疲惫感，在整个职业历程中占据了很大一部分，但刨根问底，这段时间并非我产出的最好的时刻。

这使我有些懊恼，后来才得以明白：在整个职场竞争中，决定你好坏与否，有两个最重要的竞争战场，而非单纯在时间上的厮杀。只有在这两个战场中，调配好属于你的资源，才是决胜负的关键！

1. 时间战场

时间是最公平的东西，无论男女老少、富有贫穷，每个人的时间平等。每一个人一天都只有24个小时，无一例外。

在职业生涯中，对时间的竞争是最底层的竞争，也是最惨烈的竞争。你加班1小时，别人加班2小时，常理上来讲，加班2小时的收获肯定比1小时多。在我最疯狂加班的岁月，我常常抱怨：为什么人要睡觉，如果不需要睡觉，那我的成长该多么迅速……

但实际情况下，过度透支时间，最后代价很惨重：透支健康，没时间思考，心理失衡，家庭矛盾加剧……时间透支带来的负面产物，给我带来了很大的困扰。

那是不是我们就不该加班呢？也不对！

衡量需不需要加班有两个重要的维度：重要且特殊的时效性任务以及某个重要的窗口期！

①时效性要求高的任务

总会出现一些特殊的任务，让我们很难去协调改变，不仅对时效性的要求很高，而且牵连范围很广。在这种情况下，我们理应配合，在时效范围内完成。

②重要的时间窗口

企业和企业的竞争，有重要的窗口期（时机）！团队和团队的竞争，有重要的窗口期！当时机来临，需要大家齐心协力，在短暂时间争夺先机的时候，我们同样也需要加班配合，完成重要战略目标。

抛开这两点，如果加班已经变成一种常态，占据了大量时间，这不是个人工作方式有问题，就是领导、企业的工作安排有问题，你就要积极思考，寻求如何改变或者破局了。

我们不要一刀切地抵制加班，也不要将加班变为常态。我们要合理安排时间，来获得时间战场上的竞争胜利。

2．认知战场

对于第一个战场，我们或多或少都能理解。但是对于第二个战场，很多人都不自知，或者过度自信。

即便是很多大型公司的创始人，都容易出现这样的问题：

早些年的时候，马云参加深圳IT峰会，和李彦宏、马化腾畅谈未来科技趋势。说到云计算时，马化腾认为那还是个超前的概念，要过几百年、一千年后才有可能实现。李彦宏则表示这其实是新瓶装旧酒。马云忍不住站起来接过话筒，说自己对云计算充满信心，这是阿里找到的另一个新矿产。

如今，阿里云在国内的地位，大家都能看得到。

因为认知不同，对时间分配、工作方法、战略设定的不同，最终会形成千差万别的结果。

假如A、B、C三人都要从上海前往北京办事：A骑自行车；B乘坐汽车；C乘飞机。谁快？

对于基本的交通工具，大家都很清楚，不会犯低级错误。但人们实际的工作方式有着千差万别。

有人利用计算器核算大量数据；有人整理成表格，通过办公工具核算；有人将重复使用的计算公式，编写成宏，自动计算；还有人把数据导入数据库，通过数据分析工具，多维度核算。对于同一件事情，你不用工具，别人用；你用工具，别人有更加便捷的"插件"。从长期结果上来讲，多件事情累加起来，人和人之间的竞争力，高下立判。

那么，如何提高认知呢？可以通过4个方法入手：

①做好自我认知

提高认知的第一步，是认清自己。自己是什么个性，有什么缺点，擅长什么、不擅长什么，自己应该清楚，然后发挥所长，改正缺点。

②扩大社交边界

不管你是内向还是外向的人，请扩大自己的社交边界，不要局限于公司或者家庭获取资讯和信息。当有疑问或者需要找寻更好的办法时，别人的认知极大可能就是你的短板。

③保持好奇心

保持好奇心非常重要，去探索、去挖掘，在合理合法的范围内去尝试，失败了也不气馁，成功了再接再厉。认知扩充的第一步，通常源于个人的好奇。

④学会相信

轻信是一种错误，但相信是一种能力。学会克服情绪上的障碍，相信新兴事物，相信他人。大多数情况下，不信，什么都得不到；但如果相信，即便失败了，至少可以收获教训。

在职场竞争中，希望每个人都能更好地在这两个战场战斗，合理分配时间，提高认知，高效工作，平衡好生活和工作，收获更多！

克服认知偏见，扭转人生局面

Q妹是我新部门的同事，年龄比我小，但入职已经两年多了。

刚入职那会儿她做的并不是这个岗位，但由于前3个月做得不好，领导便把她转到了这个部门。

2年以来，以我和她的接触，其实她的成长已经很明显了，但不论她做什么，领导都觉得她不好：

总部有新的要求下来，和公司现行制度存在冲突，她去找领导确定；领导还没具体看文件，就会先质疑她没弄清楚。举办会议活动，就算不是她的问题，只要出一点小错，领导就会觉得是她没办好。验收结果时，大家的成果都差不多，到她那里，不管有没有问题，总是会先被挑刺……

为什么她的变化这么大，领导却看不到呢？因为人有一种很不好的习惯，叫作先入为主。

我们不难发现，大部分人的思维模式总是会先入为主：通过旧的认知，给自己设定一个自认为是对的规则，然后在处理事情时根据这些规则对号入座。

Q妹的遭遇，就是这种习惯的最典型的受害者。其实每一个人在职场中发展，或多或少都会遇到这种状况：有时候，我们既是受害者，也是施害者！

1. 傲慢与偏见害死人

我们身上时常会出现这样的情绪：

某个你之前的同事或者朋友，你觉得他的能力和你差不多，或者比你差。各自许久没有联系以后，突然有一天，你在某个渠道上听到他的消息，发现他现在的职位、收入、前途比你想象的要好很多，即使你嘴上不说，你下意识第一时间就会做出质疑：

他肯定靠蒙混过关才做到这个位置，时间肯定不长久！
那边公司的负责人不是蠢就是傻，居然选中了他？
这个人肯定走了狗屎运，以他的能力驾驭得了这个岗位？
…………

当现实结果和旧有认知发生冲突的时候，我们总是会下意识地说服自己：自己没问题，是别人有问题！

心理学上,也把这种认知叫作晕轮效应,又称"光环效应"。通常指当认知者对一个人的某种特征形成好或坏的印象后,他还倾向于据此推论该人在其他方面的特质。

那么我们应该如何克服这种认知偏见呢?

2. 克服认知偏见

①注意"投射倾向"

克服认知偏见的第一个要点,就是注意"投射倾向"。所谓"投射倾向"指的是,人对他人的知觉包含着自己的东西,人在反映别人的时候常常也在反映着自己,而这种反映又往往是不自觉的。简单来说,有人总喜欢以善意解释别人的行为,而有人总喜欢以恶意来解释,不知不觉中容易带上自己的个性偏见。当你带着个性偏见去解读别人时,看到的要么就是太好,要么满满都是恶意!

②注意"第一印象"或"以貌取人"

关于"第一印象"或"以貌取人",我相信这很容易理解。不要以貌取人,不要凭借第一印象就妄下定论,即便不喜,也学会把疑虑放在心里,学会去拥抱和细心观察,慢慢接触对方。

③注意"刻板印象"

刻板印象就是所谓类化作用,按照预想的类型将人分为不同种类,然后贴上标签,按图索骥。譬如将职业类化:干IT的程序员应该是什么样子,干销售的人应该是什么样子。或者将人群类化:那些你认识的人是什么样子,那些不认识的人又属于另一类。我们千万不要抱着刻板印象去看人。

④避免"循环证实"

心理学上有一个很有意思的点,一个人对他人的偏见,常会得到自动的"证实"。这些证实,有时候会是我们"脑补""推断"出来的,有时候是因为我们摆明了这样的态度,和他人"互动"出来的。

每一个人都要学会刷新印象,学会拥抱和相信他人。有时候,轻信是种错误,但相信却是一种能力!

以上这些是关于我们应该如何改变自己,从而克服认知偏见,那么该如何扭转我们在别人心中的印象呢?

3. 如何扭转他人对你的认知

很多时候,我们明明做了很多贡献,而且变化很大,别人却感知不到,除了和你特别熟悉的几个人。但放到一个公司来讲,小的企业有几十个人,大的企业有几千人、几万人不等。

大家都这么忙，如果你只是埋头苦干，谁知道你的变化？

要适宜地、不断地把你的变化，通过某个重要事件，"发布"出去让大家知道。不要不好意思，要清楚，你不是为了自吹自擂，你是需要改变别人对你的认知，刷新印象。

①内在有变化，外在也要有变化

不管道理如何，人始终是一种比较"肤浅"的生物。当我们内在产生变化了，我们对外在也要做适宜的包装和升级，包括你的形象气质，你的打扮穿着。不要在心理上完成了蜕变，你的外在还是和以前一样。毕竟大家都这么忙，谁也没有时间慢慢去洞悉你的内心。

②把握每一次重要机会

在职场上，在企业中，总会有重要的场合、重要的机会让你能够"登台演出"，一次就能让很多人看到你、知道你。请务必把握这样的机会，让别人看到你的与众不同。这是能够一次性地扭转很多人对你的刻板印象的方式！当你表现得足够好，大家在私下谈论起你时，你的"正面印象"就会加固，"负面印象"就会减弱。

不管如何，愿我们每一个人，都不要做职场上的受害者和施害者，做好自己的同时，也宽容地看待别人。

第5章

有效进阶篇

走出"知识荒原",成就真正高手

前段时间我和一群伙伴小聚,久别重逢,当然有聊不完的话题。

比如说到各自的成长:有人说近年考取了PMP证书(项目管理资格证书);有人表示职位上有了提升,做了不少大项目;还有人则闷闷不乐,为什么每天朝九晚六,下班后至少学习一小时,周末还参加培训班,但总觉碌碌无为,没有提升。

听此牢骚,我有些讶异,正常情况下,按照这样的勤奋程度,何至于此。

于是打听了详细情况,探究其根因。结果看下来,这哪里是学习无用,不过掉入"勤奋陷阱"罢了。

1."知识荒原"里,成就不了高手

马克·吐温曾说过:"不阅读好书的人和不能阅读的人一样没有优势。"基于此,我对这句话的延伸就是:"知识荒原"

里，成就不了高手！

这次聚会的朋友里有不少非常"勤奋"，白天努力工作，晚上在知识付费 App 上学习，偶尔还炫耀本月听完了多少本书的精华版。

然而，与他们沟通得稍稍深入一些，他们就顾左右而言他；有时涉及他们的知识盲区，还会恼羞成怒，说这是某某某说的，肯定没问题，更遑论知识应用于实践了。

这世上，挺多人明明有好书不细心阅读，偏偏投机取巧选择"听书"；明明有智慧不汲取，却沉浸于"走马观花"；明明有经典电影，但热衷于烂片……这般学习，如何成为高手？

白岩松曾批评这样的现象："现在的年轻人，获取知识无限，但离智慧很远，什么都知道，什么都不知道。"

太多的人把时间花费在"知识荒原"中，经过一段时间学习无果，则告诉身边人，学习无用，努力无用！

这是学习的问题吗？不过是错误的选择罢了。

2. 大部分人的知识不过是长成了脂肪

在日常生活中，我们不难发现，对同样的食物摄取营养，有的人魁梧有力，满身肌肉；有人则是身材臃肿不堪，行动迟缓。

其实换做学习也是如此:在同样的时间内,获取同样的知识,有人获得的是肌肉,有人获得的是脂肪。

曾经有段时间,公司开设过各种各样的兴趣小组,我也成了读书小组的一员。小组规则很简单:每个月读一本书,然后将读书心得发到公司群里,未做到便罚款。

那段时间,根据每本书的厚薄,我都制订了详细的读书计划,半年下来也读了 6 本书,洋洋洒洒写了近 2 万字的读书心得。然后一次小组季度交流,谈及书中细节或书中方法对实践的指导,别人都是侃侃而谈,我却什么都不知道,这令我羞愧难当。

学习这件事,原为自己受用,多读不能算是荣誉,少读也不能算是羞耻。一味追求速度和数量,"过目"的虽多,"留心"的却少。譬如饮食,不消化的东西积得愈多,长成过量的脂肪,有什么价值?

3. 真正的学有所用,该如何做?

方向对了,认真学了,就能真正学有所用吗?也不尽然。万事万物都有其方法,有吸收效率的差异。

科学家曾就学习吸收做了一个分析:关于大脑吸收,听讲只能让你吸收 5%;阅读可以吸收 10%;和朋友讨论吸收 50%;践行则能吸收 75%;教会别人高达 90%!

综上所述，除非特殊职业，知行合一是效率最高的学习方式。

如何做好知行合一，可以把握如下要点：

①做好深知

知行知行，知在前，行在后。在行之前，要做到深知，才能更好地指导实践。

什么叫深知？就是我们学习一件事物，不要只看它的表象，而是思考其内在的逻辑。

万事背后必有逻辑，而高手和低手的区别，关键在于对这个逻辑的领悟。低手常常做大量机械性的劳动，而高手则是力求找到背后的逻辑，并且遵循这个逻辑做事。

• **第一步要习惯追问事物本质**

很多人宁愿累死也不愿思考，这也是为什么如今听书大行其道的原因。比起阅读，听书调动的思考量更低。

但真正想要提升自己，必须逼迫自己去思考。

譬如你看一本书，里面提到增长黑客[1]，那你要随之追问自己什么是增长黑客；提到消费降级、消费升级，到底是降级

---

1. 增长黑客（Growth Hacking），一种用户增长的方式。

还是升级,两者各自适用哪些情况,这都是我们需要思考的。

没有追问的思考,难以达到深知的状态。

• **第二步是建立知识的链接**

有个词叫融会贯通,其实就是讲知识的链接。

知识不是孤立存在的,万事万物也不是孤立存在的,它们可能有其关联性。当我们学到一个知识时,这些知识能够被哪些知识解释,又可以去解释哪些知识,知识和知识之间有什么关联性,大类上如何划分,这都是我们需要在思考中做好链接的。

②敏于智行

知行合一,不是蛮干、苦干、傻干,是高效敏捷、充满智慧的行动,这通常有三步:

• **敏于行而勤思**

理论是理论,现实是现实,两者肯定存在出入。没有想出来的完美行动,只有做出来的完美行动。要敏于行,然后勤于思,精益实践,小步迭代。

• **把握时局的变化**

任何知识都有其时效性和环境的适用性,要把握现实情况下时局的变化,动态地利用知识。将知识运用到实践中,不僵化,不套用,不墨守成规。

· **尊重重复**

任何实践都逃不开行动,更逃不开重复行动,天才也不过是重复了一万次练习。要耐住性子,用心做好每一次,防微杜渐,才能发掘事物背后真正的规律,做好知行合一。

这个世界上,聪明人在于学习,天才在于积累,希望我们每一个人,都能在知识的沃土上将所见所学转化为"肌肉",化为力量!

善用功利学习法，突破瓶颈期

不少人都觉得鹏君是个"学霸"，在销售、培训、自媒体各个维度都做得不错，做什么都很快能"精通"。

但在大学生涯，我却是同学心目中的"学渣"，辅导员的眼中钉，大一就挂科 3 门，险些惨遭退学。

那个时期，我非常苦恼，因为自己不是不想学，而是学不进去，即便坚持每天坐在教室第一排，仍改变不了学不进去的宿命。但在我掌握功利学习法后，情况却出现了逆转：很快，我就摆脱了不利局面，后来还获得了一次奖学金。

1. 为什么功利学习法这么神奇

我们常认为学不进去是因为懒、没毅力等，这些说法我认可一半——人如果有超凡的毅力，就能够破除一切的困境，将一切事情都做好。

好比有人说：不要找借口，拿把枪顶着脑袋，你看学不学得进去。

但是，具备超凡毅力的人永远都是少数，我们能下定决心逼迫自己已经很不错了，但这种逼迫往往都变成自虐——空有上进心，但怎么学都学不进去，最后无疾而终。

为什么会这样呢？因为人的大脑有两个重要区域：基底神经层和前额皮层。

前者能识别指令并重复模式，所有的习惯养成都源于此；后者负责处理短期思维和决策，上进心、毅力都来源于此。两者常常相互制衡，因此，当"前额皮层"想要好好努力时，会受"基底神经层"的惯性拉扯，如果前者力量不够强，很容易就会败下阵来。

所以，基于生理本性来讲，如果想要学进去，一个方法是增加"学习动力"，对抗基底神经层的惯性；另一个方法则是采用巧妙的方式，减少两者的对抗，让毅力的耗损更低。

而功利学习法恰好就能达到这双重目的！

2. 什么是功利学习法

所谓的功利学习法就是带着极强的目的性，从实际需要出发，学习到的知识能立马被使用。

举个例子：

2015年，我才做销售，一直渴望签大单，赚大钱。但是，大客户那么少，我又缺乏人脉基础，平时能够接触的都是一些相对较小的客户。一天，某客户给我推荐了一家大型企业，然而，却是我从未接触的客户类型。为了能顺利签下大单，我花了一夜研究行业特性、业务流程。不负苦心，因为了解行业和客户，对接人对我非常满意，我顺利地拿下了大单。

这其实就是功利性学习的一种"低端"表现情况，大家通常称之为：临时抱佛脚。

虽然在特定情况下，临时抱佛脚，"佛可能总是给我们一脚"，但是，在这个过程中，我们临时记住的知识又多、又快、又牢固。

在此基础上进行有效的升级，就是功利性学习了！运用好这个方法，就不用再担心有上进心却学不进去的情况了。

3. 如何使用功利学习法

如何使用功利学习法呢？通常我们可以采用3种方式：

①选好问题

美国作家亨利·戴维·梭罗在《瓦尔登湖》一书中曾写下这么一句话："方向比速度重要，选择比努力重要。"

选择一个"好方向",是功利学习法成功的前提。那么如何选择一个方向正确且需要解决的问题呢？我们要衡量一个重要指标：重要度。

足够的动力是坚持下去的关键，所以要选择一个当下最重要、最需要通过学习解决的事情。

譬如我刚开始从事写作的时候，每篇文章的阅读量不过几百，那时我的目标就是在一个月内达成某篇文章的阅读量超过1000。我觉得这件事很重要，它是对我的劳动的认可，于是我便去努力学习，以达成目标。

②确定范围

维特根斯坦说："天才并不比任何一个诚实的人有更多的光，但他有一个特殊的透镜，可以将光线聚焦至燃点。"

对所有人来说，缩小范围进行聚焦，是有且仅有的最好的方法，通常我们要参考两个关键参数：

- 迫切度

如果一件事情包含很多步骤和内容，那么就要根据迫切度，先学急切的，不着急的可以滞后。

- 进度

如果某个需要解决的项目或问题的周期相对较长，那按照目前的进度，先从处理项目或问题最需要的技巧开始学，再学其他的——要基于实践安排顺序，而非知识框架的本身顺序。

③实际运用

任何学习都避免不了实际运用。用功利学习法去实践，要记住一个点：先套用，再活用。

举个例子，在文章创作上有一个办法叫靶心写作法，流程分为：目标、障碍、努力、结果、意外、转弯、结局。对于新手而言，先按照这个方法去套用，就能写出不错的内容。

对于在早期时候学习的我们来说，我们务必要好好套用已掌握的方法！

让人受益一生的8个字,提高认知层次

关于学习,好像人人都知道。几乎每一个人每天都在学习,都在汲取知识,生成智慧。但是如何正确地学习,我们真的懂吗?

为什么道理大家都知道,别人却能过好这一生?

为什么采用同样的方法,少数人能受益无限,大部分人却不能?

为什么有的人做事很自律,感觉轻松如意,大多数人的自律像是自虐?

我会从4个方面,给大家分享如何正确认识学习,提高成效。

1. 认知是一个词,但是两个字

关于认知,我们都知道其重要性,但多数人常常将认、知混为一体,但它其实是两个状态——"认"和"知",理解这一点非常重要。

在这样一个信息爆炸的大时代，我们能迅速收获一些知识，但是实际上，我们得到的仅仅只是一个概念，充其量不过是看到、了解到，谈不上认知。

譬如人人都知道《道德经》，谁都可以说出这么一句"道可道，非常道"，但是真正有多少人读过、看过这本书呢？我相信，这样的人，一定很少。

认知没那么简单，就这两个字，需要花很多时间去学习。

譬如学习英语，有些人能够坚持，有些人不能坚持；譬如写作，有些人能够日更，有些人不能日更。这其中的关键不在于自我约束，而在于认知。

接触一件新事物，首要是深刻地"认"，认识到它很重要，给自己一个或者多个的理由——或许你有 10 个理由告诉自己要抗拒这件事，那同时你得找出 100 个理由告诉自己，这件事必做不可。

这样你才能有动力去"知"，去吸收，去了解。否则，委屈自己干巴巴地去学习，哪里有什么效率可言。

认知认知，先建立足够的"认识"，意识到它很重要，有了足够的动力，再去知！

2. 认知很重要，明理更重要

比将概念当作道理去使用更惨的是——把认知当作规律去

实践。知道,虽然很重要,但明理更重要。

我们看书、学习、成长,不是机械式地获取庞大的知识,而是洞悉其中的规律,明晓道理。

譬如一本书,为了佐证其中的观点,作者会加入许多的故事、名言,进行思维上的延展,让大家更好地去理解,但本质上整本书的精华到底是什么,需要我们去提炼。

在学习的过程中,大多知识都是表象,这些知识必须要有一个加工消化的过程,才能成为自己的东西。我们可以把这个过程叫作明理。

明什么理?通过繁芜复杂的故事,提炼其中的规律性,然后去完善我们自己的"知识模型",最后得出本质。

《道德经》里面有这么一句话:"为学日益,为道日损,损之又损,以至于无为,无为而无不为。"

说的就是这个道理!

3. 知行合一,是为践行

在古代,荀况就提出:"不闻不若闻之,闻之不若见之,见之不若知之,知之不若行之,学至于行之而止矣。行之,明也。""知之而不行,虽敦必困。"

意思很简单,就是在学习中,听说比不听的好,见到比听说的好,知晓比见到的好,实践比知晓的好。学习的目的就是实践,实践了,就明白了;相反,懂得许多道理却不付诸实践,虽然知识很丰厚,也必将遇到阻碍。

这也就是我们知道很多道理却依旧过不好这一生的原因!同样,西方先哲也发表过这样的见解:"没有实践的理论和没有理论的实践都没有意义。"

人,既要认知、明理,还得付诸实践,做到知行合一,否则和一个移动硬盘有什么区别?

空有一身才华,一旦联系到现实,什么都不会做,什么都做不成,也不清楚学以致用。如何发挥学习的价值?

4. 没有结果的过程都是扯淡

阿里巴巴集团的内部有这样一句话:"没有过程的结果就是垃圾,没有结果的过程就是扯淡。"

知道得再多,规律掌握得再好,进行了再多的实践,但就是没有结果,这说明前面的所得所学都有认知偏差,是错误的,不对的。

学习的作用是改造现实,学习了,明理了,实践了,但现实没有任何变化,有什么意义?

然而,很多的事情,不可能一蹴而就,一要时间,二要尝试。怎么办?那就为自己设置里程碑。

如果说出结果的这一过程是从 0 到 1 的过程,我们可以将这个过程切分为10个部分,按照0.1、0.2、0.3……这样的步骤一步步去实践,得出一个又一个小结果。在此过程中,抛开完美主义,不断加以完善,进行高速迭代。

对于如何正确地学习,我们可以做个总结:认知、明理、实践、结果。读懂这8个字,能让我们受益一生。

如何真正地做到独立思考？

有人说：人们口中的真理只是大部分人的共识，其实并不可靠，要学会独立思考才最重要。

但问题是如何独立思考？你或许会立刻蹦出"不要人云亦云"这句话。

说起来挺简单的，但往往事与愿违。虽然我们嘴里一直念着独立思考，可惜自己既不独立，也不思考，只是在不停地被人"洗脑"，受他人的"控制"。

针对这种情况，我教大家 4 个要点，掌握真正独立思考的方法。

1. 不能害怕与众不同

小时候，父母说什么，我们就做什么，这无可厚非，毕竟在那时，我们还没有明辨是非的能力。但长大以后，很多人还是会沿用孩提时的习惯，只不过将对象从父母换成了老师、领导、老板、朋友等等。

这其实是一种很可怕的行为。不是说相信身边的人或者听从权威的观点有问题,但是总趋近于一种观点、一个声音,自己的思想慢慢就会被同化。

更可怕的是,为了建立自己内心的准则,我们还会主动寻找其他与自己有类似观点的人,向他们靠近,不断通过别人的话,去循环论证自己内心的想法。

结果就是,我们会切断自己接触世界的不同途径。

你会发现,慢慢地,周边的人都和你有一样的喜好、一样的经历、一样的观点。在这样的圈子里,你固然感到舒适和安全,但基本上你也失去了接受新观点和新事物的机会了。最终,别说独立思考了,自己的成长也会止步不前。

因此,做人不能害怕与众不同,不能害怕被人否定。要多去结交一些拥有不同背景和观点的朋友,这样才能互为补充。

这是独立思考的第一个基础。

2. 学会思考说服者的利益

我们经常用一句话去衡量其他人:"不要看他说了什么,要看做了什么。"我觉得这是一种很好的判断方式,但从独立思考的角度,还远远不够。

在现实中,我们应该秉承的态度是:不要看他说了什么,也不要看他做了什么，而去看他的动机是什么。

事实上，不管一个人说什么，或者能伪装得多好，他的动机其实是很难隐藏的。好比我做销售那会儿，和客户公司的多个决策人打交道，或许在企业的规则下，他们会做一些偏离自己初衷的事情，但最终都会想办法向自己的利益方向靠近，比如名、利。

现实环境也是如此，一个人想要说服你，或者向你传输什么观点，你一定要搞清楚对方背后的动机——在非亲非故的情况下，他极力花时间让你去做某件事，你还搞不清他的动机是什么，这是非常危险的事情。

很多时候，我们会上当受骗，也是因为只考虑了自己的利益，而没有深刻地分析对方的动机，从而掉进了圈套里。

3. 学会尝试新东西，避免主观弊端

我们知道经验很重要，当我们衡量一件事物，或者想要快速上手一件新事情时，往往都是通过经验触类旁通。但与此同时，固化我们思维的，同样也是这些宝贵的经验。特别是判断一些专业领域以外的事情时，所谓经验的判断，往往会极其"打脸"。

譬如有个故事是这样说的。

两个捡粪的农民坐在路边休息，一个人问："如果我们做

了皇帝,那我们的生活会变成什么样?"另一个人兴奋地说:"如果我们做了皇帝,当然是这条路上的粪就全归我们捡,而且捡粪的耙子也一定是金铸成的。"

我们很多时候,其实就像这两个农民的思维一样,会依据现成的例子来想象外面的世界。这当然是愚蠢的,何况世界变化太快,各种新鲜事物不会根据我们想象的样子去发生或存在。

因此,一定要不断刷新自己的认知。当自己的主观感受出现时,先暂时屏蔽,耐心等一等,看一看,这样才能真正看清一个东西,不断掌握一些前沿发展的信息和趋势。

4. 学会对信息挖掘和分析

前面提到的几点,都是为了让我们拥有质疑和独立判断的能力,但仅仅拥有这些还不够,更重要的是学会对信息进行挖掘和分析。

譬如对统计数据的分析能力,是大多数人都欠缺的。

很多人一看到某一权威报告,就认为这个数据统计非常靠谱,一定很真实。但是,大部分的调查统计常常带有主观或者利益因素,譬如样本有多大,调查了多少人,调查的地点在哪,他们是什么职业,调查人员怎么提问的……很多因素都会影响数据的客观性。

再譬如：说到独立思考这件事，最早提出这个概念的是谁；关于独立思考的那些观点，谈哪本书最能受益？谁对这方面更有研究？这都是隐藏在表象之下的问题。不能因为我的这篇文章，或者过往的文章有道理，就无条件地相信我。

你们没见过我，也不知道真实世界中的我是什么样的，更不清楚我有的筹码和能力，无条件地轻信，可能会导致糟糕的结果。

因地制宜，根据自己所在的环境独立思考，多方位地求证，小心实践，才是解决自身问题的良药。

最小化满足，让人既能想到，又能做到

在生活中，每个人都有很多想法：有人想升职加薪，有人想学好某个技能，还有人想追到某个女孩。

但往往大部分人都始于想象，而止于行动，只有极少人才能想到又做到。

有人说知行合一太难，毕竟世间诱惑这么多，恐惧这么大，还没迈出第一步就被打倒了，即使能够偶尔坚持，也常常半途而废。

诚然，想到又做到，确实有一些难度，但真的那么高不可攀吗？

1. 要有目标

我有一位朋友毕业于专科院校，在大学生涯年年挂科，过得醉生梦死，是一个典型的空想者。在毕业前的一次聚会上，

他竟然当着所有人许诺：30岁以前，要月薪过万元。

当时，下面一片哄堂大笑：就他，还想做到？然而，4年不到，他就达成了这个诺言。

问他秘诀，他就给了一句话：要有一个目标！

听上去挺简单的，但有数据统计：90%的人的空想，最终停留在空想，或者变成妄想，都是因为没有目标。

如果把做到看作一场旅途，目标是什么？目的地。没有目的地，如何测距？如何确定路线？如何行动？没有目的地的指引，好比在沙漠中行走，即便努力，可能绕了一圈还停留在原地。

成为一个想到又做到的人的第一步，就是要有目标，这是一切行动的前提。

2. 清楚目标的重要性

有了目标，在行动之前还有没有其他的必要因素呢？当然有。

在24岁之前，我都不爱学习，真的非常不爱学习。

在我看来，读书无用，学习无用，什么都无用，为此我付出了沉重的代价：上了一所三流学校，干了一份不着调的工作，毕业后拿着超低的工资3年之久。

然而，当我明白学习的重要性后，人生一下就逆转了，我很快成了一个想到做到的人，在短短 4 年里，从销售员成了现在公司的 COO。

从不爱学习，到爱学习；从不想做，到拼命地做；从做不到，到做得到。这一职业生涯中给我最大的启示就是：找到目标的重要性！

在我们读书那会儿，总觉得钱不是那么的重要，而毕业几年以后，为了赚钱则能够忍受很多不能接受的东西，甚至改变人生信条。

人生就是这么奇妙，当我们意识到某些东西的重要性以后，一切行动都会变得简单起来了，不好意思、害羞、丢脸，种种情绪都可以轻易对抗。

找到了目标的重要性，我们就有了把一件事情做成的动力源泉，它能让我们在无人喝彩的局面和艰难困苦的旅程中走得更远。

那怎么挖掘目标的重要性呢？通常可以采用两种方式：第一，想象自己达成目标，列举未来可能会有的最大收获，用愿景去强化目标的重要性；第二，想象自己放弃这个目标后，未来可能会有的最坏的苦果，用现实加固目标的意义。

找好目标的重要性以后，将所有内容写下来，放到一个显眼的位置，时时告诫自己，做自我督促和鞭策。

3. 要远离诱惑

很多人有目标，也知道其重要性，但为什么还是做不到呢？往往阻碍我们行动的一个重要的因素就是：诱惑太多。

比起古人，现代人面对的世界要精彩几百倍，诱惑也要多出几百倍。在努力和坚持的过程中，我们常常被诱惑打倒在地，再也爬不起来。

想要成为一个想到而做到的人，翻越诱惑的大山太难太难！那有什么办法能抵御诱惑呢？两个字：远离。

拿我自己来说，自高中开始就沉溺于游戏，无法自拔，常年与父母斗智斗勇，玩猫捉老鼠的游戏。

毕业之后更加不可收拾，一下班在电脑边就能坐到晚上12点。后来我强烈意识到再继续这样下去就废了，于是卖了旧电脑，逼迫自己买了一台苹果笔记本电脑。这下好了，虽然我中途网瘾会反复，但苹果系统的特性就是纯办公，几乎无法支持游戏。久而久之，我便戒除了游戏。

因此，很多时候不要考验自己的自律性，最优的方式一定是尽可能远离或者丢弃那些令我们动摇的人或者物，我们才能走得更远。

但世界这么大，总有躲不开、丢不掉的诱惑。怎么办？5个字：最小化满足。

不碰特别"杀时间"、特别能让人沉迷的东西，找到其中最低消耗、最小化满足的东西做替代，这样能够让我们把更多时间放在实现目标上。

譬如我的朋友沉迷看小说，难以克制，最后和妻子立下赌约，每天只看半小时，超时则罚款。通过这个举动，有效地控制了他的行为。

4．让行动跑到思想前面

环境很重要，但人还容易陷入一种情绪，导致我们不能成为想做就做到的人：想去做一件事情，又总觉得没准备好，总是在纠结——你是否也常常会有这样的想法？

我做电话销售那会儿，每播出一个电话之前，都会在内心给自己"加戏"：

别人拒绝我怎么办？

别人骂我怎么办？

客户问我问题我该如何回答？

这个客户和上一个一样怎么办？

然而，很多情况是：等我电话拨出去，要么无人接听，要么是空号。我所有的预想和准备，大部分都没发挥作用，反倒耽误时间。

现实中，像这种现象比比皆是：总是在准备，准备到动力都消耗殆尽；总是在纠结，纠结到第一步都不敢尝试。最后发现，这些情绪毫无意义。

我们必须认清一点：永远没有百分百准备好的情况，总有意外发生，没有人能预料突发的问题。

要学会让行动跑到思想前面，基于实践不断调整步伐，才能使我们走得更远。

5. 不要过高要求

敢做了就一定能够做到吗？这往往还需要一个东西：时间。

迈金西说："时间是世界上一切成就的土壤。"任何事情，从敢做到做到，必须经过时间的浸泡。

我有一个朋友，看我不仅在坚持创作，还产生了一些收益，于是他也动了心。虽然前面我们说的这些要点，他都做得很好，也坚持了一些时日，但最近，他却选择了放弃。

他反馈给我说：他报了一些学习班，了解了其中的一些技巧，但每天坚持按要求写，太痛苦了，实在无法坚持。

是他的毅力问题吗？其实并不是，他是"死"于对自己过高的要求。

从一开始他就一直在纠结，要么觉得开头不好，要么是结尾不好，或者是里面的故事不好，写了一个月才写了2000字。

他特别沮丧，最终决定放弃。

任何行动，往往都存在三个阶段：行为——习惯——本能。但很多人都因为过高要求，倒在了习惯产生之前的黎明。

我们常常把"做到"看作一件事，其实它是两件事：一个是做，一个是做到。在事物进展之初，只要能做就好，先不用管质量，尽管去机械性重复地做，重复够了之后，大脑会帮助我们建立记忆，然后将其转化为一种习惯。

在此过程中，去做刻意练习，循序渐进地提高要求，久而久之，总有一天能慢慢做好，并把这一行为变成一种良性的本能。

想到又做到难吗？好像挺难。但只要我们找准目标，发掘其重要性，远离诱惑，让行动跑到思想前面，不提高要求，只要学会坚持，相信自己，一定能想到又做到。

缺乏复盘思维,可能拖累你的成长

关于复盘,大家都应该挺清楚的,好像没什么特别的地方。但是,当我重新去审视最近这几个月的新媒体创作时,我才发现,复盘这两个字,并没那么简单。

这平淡无奇的两个字,好像谁都会,但真正运用于实战的人却很少。可能很多人穷尽一生,都是流于形式,缘木求鱼罢了!

1. 你懂复盘吗?

早在古代,两位棋手下完一盘围棋后,会重新在棋盘上演示对弈的过程,交流棋道和战法,于是把这个过程叫复盘。

听上去,复盘过程其实挺简单的,但是,将复盘沿用到职场,如今大部分人的复盘既非"棋道",也无"战法",少为"巧术",更有甚者无非是日常琐事的记载,美其名曰"复盘"!

如此种种,我也见过好多人日复一日地"复盘",却依旧停留在原地踏步；也有少部分人，复来复去，常常得出自相矛盾的结论，闹得自己都快"人格分裂"了，不知如何是好；还有人干脆自暴自弃，为了复盘而复盘。

为什么会这样呢？因为关于复盘，我们常常用表象的"术"，掩盖了其中的"道"与"法"。

譬如你今天拜访了一家客户，客户忙着在卸货，于是你上前帮忙，结束后，你同客户谈完产品，客户表示小伙子不错，还主动帮他卸货，于是他答应了合作。你记录下这个行为，希望以后能沿用，这是"术"；认真思考后，你发现要给客户留下好印象，这是成交的关键，所以要尽可能地在拜访过程中，利用一切方式增加好感，这是"法"；经过多次实践和复盘以后，你得出一切销售行为都是为了获取客户信任的结论，这是"道"。

同样的事件，大部分人都能想到"术"，却只有极少人触及"道"，而这少部分人从中提炼出的最佳行为模式，让不同人的复盘和复盘之间，拉开了差距。

2. 复谁的盘

2015年那会儿，我非常热衷于复盘，每次拜访客户都会录音，回去的时候总会做复盘分析和总结。然而，这样持续一段时间之后，我却遭遇了严重的瓶颈，无论怎么努力都跨不过去。直到后来，朋友给了公司某个销冠的拜访录音，听完以后我便醍醐灌顶，大有所悟，然后我的业绩才突飞猛进。

人常常容易把目光放在自己身上，持续做复盘，然而这类复盘的价值，往往最具局限性——停留在自我视角里，怎么分析都很难得出高明的道理。

但是，一旦换了一个方向，找到更好的参照物就会变得不一样。

看过武侠小说的人都知道，每每武林高手比武的时候，一大堆人就聚过去了，表面上是看热闹，其实是复盘高手的套路，如此领悟个一招半式，比自己瞎琢磨不知道要强多少倍。

其实现实中，这样的机会不知道有多少。高手的作品，互联网上到处都是，每天对照复盘一次，自己何愁不能快速进步。

譬如从事运营工作，复盘别人的小程序主图、文案、整体设计逻辑，对照自身岂不一目了然；从事新媒体创作，爆文选题有什么特征，标题符合哪些逻辑，开头运用了哪些技巧，分论点之间的逻辑结构是什么样的，案例的故事如何做到有戏剧性，结论如何匹配案例，结尾如何引发共鸣……这么多值得复盘的内容，何苦把大部分目标放到自己身上。

3. 如何复盘

如何做好复盘呢？可以采用如下方式：

①抓数据

不管复盘自己,还是复盘别人,数据是最底层的东西,不会骗人。要分析数据,找到数据异常所在。不管异常是好还是坏,都要设法将其拎出来,分析原因,将好的发扬、坏的改善。

②找规律

万事万物背后都有其规律。某一事物为什么是这样,不是那样;为什么是这种形式,而非那种形式?我们要基于复盘对象,找到其中的客观规律,为事件或者复盘对象中某种现象做解释,找到核心法则。

③建模型

每个人都有自己的工作模型、思维模型,这是我们独特之所在。所以,我们时常发现,成功的人各有不同,失败的人往往类似。在复盘过程中,我们要找到真正适合自己的方法或者方式,建立属于自己的工作模型、思维模型,以便更好地应用于实践。

④用工具

好的工具能够帮助我们更好地剖析事件的本身,所以做好复盘,还得用好工具。譬如:复盘商业模式,可以用商业画布[1]做参考;整理文章逻辑框架,可以用思维导图来厘清思路;复盘销售流程,可以采用流程管理工具,确定其中核心节点。

关于复盘,我们要从别人的故事里复盘,以汲取能力,更要从自己的经历里复盘,以迅猛成长。每一次挫败失意、苦痛挣扎,留给我们的,不应该只是廉价的懊悔,更不是杀敌一千自损八百、一失足后空余恨。

我们要做最残酷的资本家,榨干所有悲辛过往的剩余价值,悟出"道",学会"术",掌握"法",让它们成为丰满自己"骨血"的养分。

如此,才算复盘!

---

1. 商业画布:一种明确业务规划的商业工具,主要包括客户细分、价值定位、获客渠道、客户关系、收益来源、核心资产、核心活动、重要合伙人、成本结构这9个方面。基于这些方面的分析和思考,能够帮助创业者或者高层管理者更加明确企业自身的业务规划。

一套最强行动原则,实现高效赋能

1. 对任务的理解

部分职场新人最容易忽视的一点就是:对任务做理解和思考。

这是什么项目?为谁服务的?我在整个链条中扮演什么角色,为什么要这么做?

在接受到任务指令和任务之前,不论如何,最好花时间去理解一下任务,对其中存疑的部分当场提出来并确定。不要冲动莽撞地直接开干,这样的结果往往不尽人意,最后落得身心俱疲。

2. 工作方法的改进

网上一直有个说法:有的人是用 1 年的经验,干了 10 年的事情;有的人用 1 年的时间,积累了 10 年的经验。

主动思考和被动成长是不一样的。我见过不少人,他们的经验可能就永远停留在入职培训结束时那个水平;一件事情干了几年，硬件发生变化了，他没变；市场发生变化了，他没变；流程发生变化了，他也没变。最终公司不得不"改革"掉他。

大部分一般性岗位日常进行的工作主要分配占比为：重复性工作（占据90%时间），临时性工作（占据10%时间）。

抛开后者不谈，当所有重复性的工作在一遍又一遍的循环中，我们一定要花时间考虑，我们的工作方式能不能升级和优化。

市场发生改变了，方法要不要变？合作伙伴发生改变了，流程要不要变？工具改变了，效率能不能提升？

3. 对工具的利用

企业有企业管理工具（CRM、BI、ERP[1]等），对于个人而言，在工作中也有很多工具，电脑是工具，office办公软件是工具。如何发掘工具来提高效率，值得每个人去思考。

譬如：

梳理思维/流程可以用：ProcessOn、XMind、Visio等。

图片处理可以用：Photoshop、Illustrator CC等。

寻找图片素材/矢量图标有：千库网、iconfont等。

---

1. CRM，一款客户管理软件；BI，为企业提供大数据分析；ERP，一款企业管理系统。

文字云处理有：WordArt 等。

PPT 插件有：iSlide 等。

……………

从销售开源到图片处理，再到新媒体运营、海报设计……每个人在工作中都会用到各种各样的工具，学会找到它们、使用它们，使你效率倍增。不要吝啬于这方面花费的金钱，正常情况下每年花费 1000~2000 元在购买这些工具上，都是合理的。

4．借助于信息

信息时代带来最大的福利就是获取信息的多样性和便利性。

我曾在百度文库上用自己注册的账号上传过自己的一些文档、PPT，获得了很多下载和关注，自己也曾下载别人的资料做参考。

这个时代，如果你不懂得在别人的基础上吸收精华，那就是蠢。

譬如设计一个表格，做一份 PPT，拟定一个方案：我们固然可以从头开始，完全独立思考、设计并完成。但从时间成本和结果产出来说，这是最优方案吗？肯定不是！

任何事物的发展都是建立在传承或者传递上面，前人做过的经验、信息，不去学习借鉴，只知道埋头苦干、盲干，往往毫无意义。

几天前，我要求助理拟定一份用户协议，结果过了一周她都没给我。问她缘由，她则说："我看过同行的用户协议了，内容很复杂，都在1万字左右，时间有限，我才写了一半。"

我差点没气晕。固然，她希望从头开始，一字一句进行独立创作这种想法是好的，但是用户协议的主要作用是规避法律风险，大致框架完全可以参考已经存在的，然后基于公司产品和服务做微调就好了，何必如此浪费时间呢？

不要忘了，只有站在巨人的肩膀上，我们才能看得更远！

5. 评估时间成本

少数情况下，我们会遭遇一些特殊的事情。依靠我们现有认知、能力很难高效完成。

这时候，就要评估自己的时间成本和投入成本。如果寻找专业的外包服务更加便利，更加节省，就要学会借力使用。

最后奉送一个自己的行动原则给大家：

1. 这件事如何做更高效？（行动前至少思考5分钟。）
2. 这件事有没有资料可参照？（信息）

3. 这件事可不可以借助工具去做？（利用软件或硬件。）

4. 这是一件长期且重复性的事情吗？如果是，如何标准化，又如何提高效率？

5. 这件事值不值得我花时间去做？（可以自己花钱找兼职或者外包吗？）

6. 谁能帮助我更好地做这件事？（寻求指导或建议。）

如何选择行业、公司、工作,让自己少奋斗 10 年?

本章节我想和大家聊聊,如何选择城市、行业、公司、职业,让自己少走些弯路。

抛开复杂的人生抉择不谈,上述的 4 件事应该是人生最重要的抉择点。关于这些方面的疑惑层出不穷,我也曾在多个平台上回答过许多相关的问题。

今天我用这篇文章,给大家讲透这件事。希望读完后,你在有所收获之外,也请告诉你身边的亲戚朋友,让他们少走一些弯路。

1. 为什么要选择大城市?

2012 年毕业至今,如果要让我列举一个后悔清单,排在第一位的一定是:为什么我没有早点去大城市?选择大城市的原因很简单,小城市缺乏资源让我生长(特别是对于普通人)。

小城市的资源是非常有限的，好的资源就这么多，分给"有背景"的人都捉襟见肘，更别谈"三无"人员。当然，比这更残酷的是，如果你希望从事互联网、人工智能、电子商务、金融……这些相对热门的职业，在当地，都不可能找到匹配的公司。就算侥幸有，也不过是三三两两的几个人，干着"挂羊头卖狗肉"的事情。

你指望在这样的环境里学到东西，成长为一个厉害的人，基本等于做梦。

很多时候，个体的命运是依附于集体的，如果你所在集体的资源都是干涸的，你如何能茁壮成长？

当然，很多人会说大城市房价太高，反正也留不下来，为什么还要去折腾？压力太大，人生这么辛苦干吗？

①我们不一定要留下来，但也不要否定自己的可能性

不是每个人都能留下来，这是事实。但是，你永远都无法预料你未来的可能性。你是否会加入一家不错的公司，成为企业的高层，甚至白手起家实现人生逆袭……

5 年前，我的几个同事月收入就几千元，辛苦一天后，我们常常聚在小饭馆吃饭，嬉笑怒骂。谁都无法预料 5 年后，大师兄回到南昌开了公司，员工一年都有几十万收入；二师兄回老家创业，现在一年数百万元销售额；三师兄在上海做起了知

识产权的业务，去年换了一间更大的办公室；而我从销售员到经理，再到总监，一步步距离梦想越来越近。

每个人的人生其实具备很多可能性，几年时间就足以改变很多东西，别说一辈子了！

而且就算无法留下来，攒了一些钱再回去也是好的。以三四线城市来说，一个本科生的工资平均也就在3000~4000元左右，工作几年后，也不会有太大的涨幅，这样一年能攒多少钱？

换做上海，一个本科生拿7000~8000元并不困难，而且如果公司不是特别糟糕，在努力成长的情况下，3年涨到1.5万元左右并不困难。

我在前年带的一位下属，入职时5000元左右的工资，培养1年以后，他在去年跳槽，收入就有1.2万元了。他比较节省，一年下来能攒7万元左右，干个5~6年，对比同龄人，再回老家不是轻松更多吗？

而且从大城市回去是一种降维打击，因为你掌握技能、渠道资源之后再回到当地，不管是合伙创业或者做其他事情，你的眼界、方向绝对是碾压那些没出来过的人（前面我提到的大师兄和二师兄就是典型的例子，除此之外，另一个同事也在当地做高层）。

②人生不会因为你选择安逸，结果就会安逸

在过往的分享里，我反复提到过一个观点，人生不会因为你选择安逸，结果就会安逸起来！

人生在世，大家遇到的困难都差不多，不管是在教育、医疗上，还是在其他方面遇到的坎，每个人都会遇到，不会因为你的选择而改变。除了选择让自己变得更强一点，其实没什么其他选择。

当然不是每个人都要选择北上广，在可以挑选的情况下，尽量选择更大的城市，如此你才能获得更多的机会，有足够的资源成长。

2. 为什么要去朝阳行业？

在之前的文章里，我曾提到过一个案例：

有一对双胞胎，在2010年一起大学毕业，一个加入腾讯，一个进入报社。7年之后，去腾讯的那位已经是年薪百万元，而且满街都是挖他的猎头。投资人也在争取他；而去报社的那位，因为报社沉沦了，他曾经寄托理想的整个产业都没有了，一切都需要重来。

这就是不同行业之间的差异性！

很多时候，把相同的东西放在不同的地方，其价值是不一样的，其成长速度也是不一样的。

举个最知名的例子。

李佳琦刚毕业的时候,他只是欧莱雅的专柜柜员,整整做了3年都没有太大的起色。他不是不优秀,也不是不努力,而是他所依附的集体本身就非常传统,是典型的存量市场。

但是,在他换了行业开始直播带货之后,形式就逆转起来了。在短短几年里,他就成为年收入千万元的主播。为什么?因为他所依附的集体迅速发展,能让他吃到巨大的红利。

之前我参加第一届淘宝直播大会时,淘宝直播的负责人赵元元就分享了一个数据:淘宝直播的月销售增长速度是3.5倍。在这样一个增长态势下,充满着巨大的阶层迁跃机会,如果你很早就投身其中了,你的个人成长速度和赚钱速度是难以想象的。

反之,行业不赚钱,公司不赚钱,市场在萎缩,哪来的机会给你成长?哪来多余利润让你富足?

人不能与趋势为敌,尽可能去新兴行业或者朝阳行业,你才能获得更多机会、更多成长、更多财富。

3. 为什么要去大公司?

常常在知乎上看到有人提问:年轻时到底是去大公司好,还是去小公司好?

我的回复都是:去大公司、去头部公司、去核心部门!

或许小公司能够给你更高的职位，更高的薪水，但年轻时，去大公司的你，收获的还有技能资源、信息资源、人脉资源。

①技能资源

一个人在年轻时，最重要的事情一定是掌握技能，这点其实是毋庸置疑的。但比技能更重要的，其实是技能框架。

什么是技能框架？就是构成一个技能的结构体系——你的体系越完整，你的技能就越强大，你可以达到的等级就越高。

小公司是依靠业务驱动，不太会考虑个人成长，也不怎么能帮助你构建你的认知体系，让人很容易就走歪。

我曾经陆续培训过300多名销售员，发现一直在小公司做销售的人有个共同点——歪招很多，基础很差，行动完全没有章法。这些共同点非常致命，让你自以为是在实战中进步，其实你是"东一榔头，西一锤子"，基于错误认知获得了一些经验。而这些经验往往非常有局限性，时灵时不灵，并且你还不知道如何继续提升自己。

小公司没有健全的培训体系，你只能依赖于你的主管培养你，如果你的主管水平也一般，或者他不愿意带你，那你的成长绝对是缓慢的。

在大公司，不管你的直属领导如何，该有的入职培训、日常培训、学习资料，一个都不会少，只要你愿意学、你想学，一定能打下很好的基础。

②信息资源

古人都讲"一命二运三风水四积德五读书",其中风水还排在读书前面。按照现代的理解来说,风水就是一个人的眼界,一个人所知晓的信息。

如果一家公司的一年销售额就几百万元,你一毕业就在里面工作,你获取的信息资源是非常有限的。因为:你无法想象几千万元的项目是怎么运作的;你不会知道给你几百万元的预算,如何花最合适;你也不清楚,管理几十个人甚至上百个人应该怎么做。

你没有参照物,你的过往也没接触到相关信息,你就没办法做好。你只能凭空猜测,依照过往的经验,觉得应该怎么做、应该是什么样子,事实上都是错漏百出的。

所以,你会看到20世纪90年代的时候,国家会大力鼓励人才出国,去学习、去见识、去更大的机构实习。这样一来,他们收获的就不仅是技能,还有在眼界打开之后,掌握更多的信息,以及新的理解方式和判断方式,这些都是极其重要的。

③人脉资源

我之前一直和下属开玩笑:"如果你没特别的才能,又不想赚大钱,就去大公司,尽可能多结识同事、客户,和他们成为朋友。时间久了，靠'刷脸'你也能在行业有一席之地。"

玩笑归玩笑，这却是残酷的现实。

因为在大公司的这些人，能力都不会差，肯定会有人创业、跳槽，成为业内的高管、老板，若干年后，你就找这帮老朋友、老同事帮忙，做资源整合这件事，混口饭吃，真的会容易很多。

退一步讲，就算你不擅长搞关系，离职后这么多的朋友关系，找工作也是轻而易举的事情。

很多人常问月薪 1 万元以上的工作在哪里，哪里有好工作。然而在我老东家的离职群里，天天有人发招聘信息，希望老同事过去上班，月收入 2~3 万元的工作都不在少数。

这就是去大公司的好处，相反，如果你去小公司，你的人脉、技能、信息，都会被小公司的资源限制得死死的，你想出头，都不知道未来何去何从。

4．选择什么职业？

关于职业，我们必须认识到一个点：绝大多数情况下，不是每个职业都有前途。虽然有人从保安做起，最后成为阿里巴巴的产品总监，但这属于万中无一的概率。

大多数情况下，每个职业都会遵循它的发展路径，一步一个台阶地往上走。因此在进行职业选择的时候，要选成长空间更大的岗位。譬如销售、研发、人事、运营、财务这些岗位，顶层有 COO、CFO（首席财务官）、CHO（人力资源总监）、CTO（首席技术官）等职位，你可以一步步从底层走到最高层。

但另外一些岗位很小众、很边缘化，属于辅助和支持角色，可能起薪很高，但天花板非常低，一定要谨慎抉择。

另一方面，你选择的职业务必是企业的核心部门、核心岗位，这点非常重要。因为在非核心的部门，公司不会投入足够的资源，也不会扩张团队，更不会投入精力重点关注，你只能放任自己独立成长，但速度必然是缓慢的。

譬如你去一家以销售为核心的公司做新媒体运营，你怎么晋升，怎么发展？公司会因为你做得不错，让你做总监或者副总裁吗？

再譬如你去一家电子商务公司做美工设计，这个职位固然也很重要，但最核心的一定是运营部门，因为相对来说，美工设计的上升空间是非常有限的。

如果有的选择，你的工作最好是有钱、有闲、有时间成长。

只有钱，譬如毕业以后直接开始送快递、送外卖，虽然努力一点，收入也不低，但终归不是长久之计。

没钱、有闲但没有成长，也不失为一份好工作，但你自己要足够自律，花时间去做自我提升。

如果一份工作，没钱、没闲又没时间成长，千万不要做。譬如在工厂里做普工，日复一日地做着重复的工作，透支的是自己的未来,以及最好的光阴。

5. 写在最后

最后,肯定有人会问:我所有的选择都足够正确,但我不喜欢,怎么办?

如果你有足够的耐心,又足够喜欢,可以不在意这些,毕竟人活一生,除了物质,还有个人的精神追求。要相信,没有前途的行业或者职业,只要你足够喜欢,日复一日的精进,总能闯出一片天地。

毕竟,再好的选择,也只是给了你一条相对较短的路径。但前路漫漫,还需自己脚步不息,风雨兼程。

尾章
关于梦想和成长

关于梦想：或许梦想永远都无法实现，但梦想对你意义非凡

说句现实的话，对于绝大多数人来说，自己的梦想可能这辈子都无法实现它。

好比我自己，不管是做科学家、成为有钱人，还是在上海定居……这些梦想，努力这些年，一个都没实现。听上去挺残酷的，但事实便是如此。

在这个世界上，任何事情的实现需要努力，也要运气。但就绝大多数人来讲，可能没这运气。

于是问题来了：既然连梦想都实现不了，那我们努力的意义何在？

现实告诉我们，努力不仅有意义，还非常有价值。而且梦想这件事，即便实现不了，也对我们意义非凡！

1. 在逐梦的过程中，可曾辜负人生？

我从 15 岁那年有了当作家的梦想，年少懵懂，幼稚无知。几乎每一周都会去商店购买一本书，然后静心阅读。3 年下来，差不多积攒了一箱读书笔记，这使我倍感满足。徜徉在书海中汲取知识，使得我的人生极其充实。

后来，我不满足于此，为了更好地自我提升，甚至我还会在课堂上抱着一本词典，翻偏僻的字，进行苦读背诵。然而，高中蹉跎 3 年，终究在高考上做了最大的偿还。除了语文以外，我的其他科目成绩惨不忍睹，这个分数只够我上一所不入流的大学。

梦醒了，前途也毁了，我好像变得一无所有。毕业以后的几年内，我常常因此懊恼悔恨，觉得自己应该脚踏实地，好好读书。

直至如今，我却逐渐开始感激和接纳那段岁月。

电影《冈仁波齐》里面有这么一句话："人生没有白走的路，每一步都算数。"这大抵是我现在的心境。

幡然自省后，我意识到：就算我能够回到高中那段生涯，不做这些不切实际的梦，坦白来说，以我的自律性和天赋，就算重回过去，也最多上一所三流大学。

而那段看似蹉跎追梦的旅程，却给予了我特殊的意义和积累，也成就了如今的我。

放眼整个生涯，如今我之所以能够逆转人生，一步一步从工人、采购员、销售员……直到现今成为一家公司的合伙人兼COO，就是因为这3年追梦的岁月呢！

它没给我短期的福报，也没让我抵达梦想的终点。但在这一整个过程中，我的逻辑、思维、态度得到了极大的锻炼。这一隐性的积累，像涓涓细流一样，持续地发挥着作用，引导我步步向前。

梦想是没有实现，但它也让我没有辜负人生啊！

2．你还在持续做梦吗，或者早已放弃？

每个人都可以问自己一个问题：你还在持续做梦吗，或者早已放弃？

这个问题看似不重要，其实真的挺重要的。我自己是从底层爬上来的，所以见到许多与我命运相同的人，都想要去拉一把，但是尝试过很多次，最终发现，根本没用。

为什么？因为太多人早已丧失了做梦的能力，放弃了自己！

我曾遇到一位初来上海的小哥，他一路跌跌撞撞，干过普工，如今做着推拿。在一次见面中，他对我的工作产生了兴趣，问了我许多问题，还询问他是否可以做这件事。

我来了兴致，讲了自己的一些经历，并告诉他，如果他愿意，我可以帮忙推荐。但前提是他自己需要学习一些东西，同时要做好承受巨大压力的准备。

然后，双方互加微信以后，我给他发了一些资料，他却再也没有联系过我。

这之后，我见过许许多多的人，都是如此。很多人失去了做梦的能力，连带着勇气都会渐渐地消失和磨灭掉。

罗曼·罗兰曾说："有些人在 20 岁就死了，等到 80 岁才被埋葬。"大抵如是！一个年轻人，一个还有无限可能的人，如果没了梦想，没有念想，最终都会慢慢沦为一具行尸。

梦想或许就是实现不了，又如何？

但只要还在追逐梦想的过程中，你就会发现许许多多新的机会，新的风景。同时诞生出一个又一个新的梦想，开启一次又一次的新航程。

3. 得到或者失去，谁说得清？

常常听人说："追逐梦想太辛苦了，到头来都是一场空。"

即便抛开我们前面所说的意义不谈，追逐梦想的最后，真是一场空吗？细心查证，我们不难发现，任何逐梦的过程，本质上也是一个不断收获的过程！

2018 年初，我开始尝试自媒体创作，陆陆续续写了 50 多篇，没有任何收获，连原创认证都没能开通。在这个过程中，我花费了巨大的时间，坦白来说，不沮丧是不可能的。然而，在我回顾这一段历程中的收获时，发现我收获的已经非常多：

创作的过程中，我对自身的销售知识重新做了梳理，销售能力在输出中得到了提升，反哺到现实。

我结识了行业内的一位 CEO（首席执行官），双方探讨了很多业内知识，学习到了很多。

我扩充了自己的认知面，开始逐步深入了解销售技巧在不同客户、产业的应用方式。

我获得了老东家执行总裁的认可，他在这些年给予了我很多帮助。

…………

如果我们只是盯着终点，往往容易忽略身边的改变，但细心回顾，在每一个阶段，我们都会有不同的收获。

逐梦的过程本身就是一个不断收获的过程，不是吗？表面上看，我们只有一个终点，但分解来看，每一个里程碑都是收获，是成就。

或许对于每一个人，梦想是永远都无法实现的。但没关系，回头来看，它对我们意义非凡。

↪ 关于成长：始于才华，忠于人品，成于坚持

前几天我一直在想，如何对遇到的人的经历和自己走过的弯路做一个总结，却一直找不到合适的描述，最终在备忘录上写上这么一句话："始于才华，成于忠诚，忠于坚持。"到今天提笔写的时候，却变成了这样一句话："始于才华，忠于人品，成于坚持。"

1. 始于才华

我一直觉得每个人都有与生俱来的天赋和才华，只不过大部分人的天赋与才华被掩盖了，很多人忘了自己到底要什么，自己的本我是什么。

电影《搏击俱乐部》里面的皮特说过这么一段话：

你们的潜力都被浪费了，只做替人加油或是上菜、打领带

的工作。广告诱惑我们买车子、买衣服，于是我们拼命工作买我们不需要的狗屎。我们是被历史遗忘的一代，没有目的，没有地位，没有大战争，没有经济大恐慌，每次大战都是心灵之战，我们的恐慌只是我们的生活。我们从小看电视，希望有一天会成为富翁、明星、摇滚巨星，但是，我们不会。因为我们渐渐面对的现实，让我们非常愤怒。

在一个平庸的时代里，没有动荡与变革来证明自己的出众才智，缺乏精神领袖而丧失灵魂皈依的原动力，我们都在麻木地饰演自己的社会角色，忠诚地履行自己的社会责任，而事实上大多数人都无法理解自己所为之奋斗的目标究竟是什么，上学、工作、恋爱、结婚、生子，生老病死，一切都是按部就班。

这个时代有太多的诱惑以及诱导了，让每一个人很难去遵循内心选择属于自己的"正确的道路"。更多时候，我们依循社会意志加诸在我们身上的需求，不断地努力获取。

我要什么？如何去获取？这件事情我喜欢吗？在现行的环境下，对物质的过度最求，以及对短期欲望的自我满足，误导着更多的人很难静下来去认清自己。大部分人的才华得不到释放，在错误的岗位从事错误的事情，昏昏度日，抑或挣扎焦灼，工作成为养家糊口的手段，而非一种兴趣或者事业。

我们大部分人被耽误了，被社会、朋友、亲人打上了很多标签，让自己都不去相信自己潜在的天赋。

而事实上，每个人都有着自己与生俱来的才华，每个人都会对某些事物感到愉悦，这个事物可以持续给你满足感，你可以一直为它花费时间。只要你勇敢踏出脚步，遵循自己的本能和才华，并相信自己，这会让自己走得更远。

2. 忠于人品

人是群居动物。自人类文明诞生到现在，团队的存在都是为了取长补短、抱团取暖。社会上不乏才华卓越的人，但总是只有少数人能够站到更高的位置，成为领导者或者团队的核心和骨干。

从企业发展来讲，员工在组织中的"人品"超越一切。企业顺风顺水的时候，每个人都是时代和趋势面前微不足道的存在，跟着趋势的力量向前，没有人会有不可替代的作用。而企业遭遇危机和困难的时候，团体中每一个人都会感知到危险，这个时候才是真正的考验。是坚守还是离开？选择后者很容易，但选择前者太难。

每个人都想共富贵，谁能够共患难呢？人生很长，企业发展之路很长，不能共渡难关的"人才"对任何企业都不算"人才"。所有人的能力和人品都要经历时间的考验，在起起落落、跌宕起伏中，能够抵御风险，亦能开疆拓土。

忠于人品，在团队最需要你的时候不轻易离开！

3．成于坚持

自从我来到上海，对自己告诫最多的就是：努力，用心，坚持。

努力是基本素养，用心是做好的根基，坚持决定了所有做的一切是否能够开出果实。

世界上努力的人太多，比如富士康工厂流水线上的工人、任劳任怨的街道环保员……但机械式的努力，开不出不一样的花朵。我们还需学会用心，发挥自己的天分，去探索和思考背后的原理、规律，去优化和改进，追求卓越。

而最后，最难的就是坚持，坚持到白天到来，坚持到寒冬过境，坚持到暴雨停歇，所有的成就一定来源于足够的坚持，相信自己的选择，去坚守和坚持。

没有在低谷中坚持，哪来在山峰间攀登的力量和勇气！